海排灰在道路基层及底基层中的应用研究

于 玲 包龙生 著

合肥工业大学出版社

前　言

近年来人们修筑道路和制作水泥需大量使用粉煤灰，使得这种工业废渣日趋紧缺，价格一路攀升，且供不应求。然而在沿海城市，许多海边电厂用海水冲排的粉煤灰（又称海排灰），常年存放在海边的灰池里。这样的海排灰全国有几亿吨，占据了大量的农田和海滩，其中有毒成分正污染着环境和相邻水域。如果能把海排灰成功地应用于沿海城市道路建设，变废为宝，节能减排，既能节约资源，又能保护环境，真正做到可持续发展。

由于海排灰长期泡在海水当中，其活性已经发生改变，且含有盐分，能否用于道路基层，目前国内外还没有这方面的任何报道，更没有相关技术规范可以参照。为了系统研究海排灰应用于道路路面基层及底基层的可行性，本书以辽宁（营口）沿海产业基地的道路建设为依托，主要从室内试验、理论分析、试验路段验证等3个方面来进行研究。本书主要内容如下：

第一章主要介绍海排灰作为道路基层及底基层的研究意义、相关研究现状。第二章主要介绍海排灰稳定碎石基层及底基层材料配合比研究，包括海排灰等原材料的物理力学性质，水泥海排灰稳定碎石集料级配范围，水泥海排灰碎石基层及三灰碎石底基层混合料配合比及路用性能研究。第三章主要介绍通过X射线衍射分析和扫描镜法(SEM)微观分析法对海排灰与结合料的化学反应机理进行研究，包括海排灰中粉煤灰与水泥、石灰基结合料的化学反应，粉煤灰-水泥体系对海排灰中氯离子的固化机理，海排灰中含盐量对结合料影响的微观试验。第四章主要介绍海排灰氯盐含量对基层及底基层材料的路用性能影响。第五章介绍实体工程试验与关键技术指标研究。

本书有以下几个方面的特点：开创性地对海排灰应用于道路基层及底基层的可行性进行研究，对海排灰基层、底基层的路用性能，反应机理，施工技术标准等内容填补了该领域的空白。在本书研究的基础之上，海排灰材料已经在辽宁（营口）沿海产业基地道路基层及底基层道路建设中首次大量推广使用，目前已经建成道路1200多万平方米，取得直接经济效益2亿元。这必将对其他地区几亿吨储量的海排灰的使用起到针对性的指导作用。通过本书研究使得海排灰变废为宝，保护环境，真正做到可持续发展，其社会效益影响深远。本书的研究方法和研究思路，对类似的工业废渣类材料和其他新型材料在道路建设中的应用和研究有很强的指导意义，有助于开发及推广新型材料。

本书所依托的课题在试验和应用阶段得到了营口沿海产业基地各位同仁的大力支持和协助；也得到了沈阳建筑大学道桥系的各位老师的大力协助；后期得到了国家自然科学基金委的资助，使我们在研究理论方面得以提升；董海天和张晓芳等在试验阶段做了大量的工作；沈阳建筑大学研究生张旖桐、单伟桐负责后期的图表整理及排版、校对工作；在此一并致以衷心的感谢！本书得到了沈阳建筑大学交通工程学院专著资金的支持，特此感谢！

本书想起到抛砖引玉的作用，为海排灰等工业废渣类材料在道路建设中的应用提供指导方法和研究思路，为国家和地方的经济建设做出贡献。由于作者水平有限，书中难免有不妥之处，恳请专家和广大读者批评指正。

作　者

2018 年 12 月

摘　要

近几年人们修筑道路和制作水泥使用了大量粉煤灰，使得这种工业废渣日趋紧缺，价格一路攀升。辽宁省委、省政府实施的“五点一线”沿海经济带的道路建设需要大量的粉煤灰，仅辽宁（营口）沿海产业基地的道路建设就需要600万吨粉煤灰。当地满足规范的普通粉煤灰非常短缺，而附近的营口鲅鱼圈电厂用海水冲排的粉煤灰（亦称海排灰）就有1000万吨，至今无人使用，正污染着周围的环境。如果能把这种海排灰成功地应用于产业基地道路建设中，变废为宝，既能节约资源，又能保护环境，真正做到可持续发展。

由于至今国内外没有关于把海排灰材料应用于道路建设的任何报道，更没有相关技术规范可以参照，为了系统研究海排灰应用于道路路面基层的可行性，本研究以辽宁（营口）沿海产业基地的道路建设为依托，主要从室内试验、理论分析、试验路段验证等三个方面来进行研究。主要研究内容与成果如下：

（1）对海排灰的物理力学性质进行了研究。鲅鱼圈海排灰各样本中有效成分 SiO_2 加 Al_2O_3 的含量均大于76%，烧失量最大为3.16%，满足《粉煤灰石灰类道路基层施工及验收规程》规定。经过筛分试验发现海排灰粒度偏粗，不满足上述规范的规定，属于低活性粉煤灰。经化学分析，海排灰的氯盐含量一般为0.80%左右。

（2）对基于海排灰的水泥海排灰碎石基层及三灰碎石底基层材料配合比进行了研究。包括：确定了水泥海排灰稳定碎石基层材料的集料级配范围；从海排灰、水泥、石灰的品质入手，对水泥、石灰与海排灰最优比例的影响因素进行分析，并通过试验确定了水泥海排灰中水泥、海排灰的最佳比例和三灰中水泥、石灰、海排灰的最佳比例。根据配合比试验，采用鲅鱼圈海排灰做水泥海排灰基层，最佳配合比为水泥∶海排灰∶碎石＝5∶10∶85；三灰底基层的最佳配合比为水泥∶石灰∶海排灰∶碎石为2∶10∶43∶45。最后通过水泥海排灰碎石和水泥石灰海排灰碎石混合料的路用性能试验，得到抗压强度、劈裂强度和回弹模量等路用性能随养生时间的变化规律。

（3）通过X射线衍射分析和扫描镜法（SEM）微观分析法，研究了海排灰和普通粉煤灰按同样配比制成水泥海排灰、三灰结合料，在不同的龄期，材料的微观变化，包括孔隙变化，生成物的变化，从而在微观方面为海排灰应用于道路基层提供理论依据。本书还研究不同氯盐含量的海排灰组成的水泥海排灰、三灰结合料，在不同龄期的微观变化，得到了氯盐含量对水泥海排灰、三灰结合料微观影响规律。本书对海排灰中粉煤灰与水泥、石灰基结合料的化学反应进行分析；在粉煤灰-水泥体系中对海排灰中氯离子的固化机理进行探讨。

(4)经研究分析，影响海排灰特性的主要因素是其中的氯离子，其他成分对海排灰特性影响非常小。为了研究海排灰中含盐量对水泥海排灰碎石、三灰碎石路用性能的影响，本书从基层和底基层混合料的抗压强度、抗冻性能、干缩、温缩性能及冲刷性能等方面进行系统研究，得到如下重要结论：

① 氯离子对水泥海排灰混合料、三灰混合料有早强剂的作用。水泥海排灰碎石中海排灰的最佳氯离子含量在1.3%左右时，早期强度最高。三灰碎石中海排灰的最佳氯离子含量在1.8%左右时，早期强度最高。三灰碎石中水泥加石灰的含量比水泥海排灰碎石中水泥含量大，固化能力比较强。

② 根据冻融性能试验，氯盐含量变化对水泥海排灰基层材料抗冻性能影响不大；但对底基层材料的抗冻性能影响较大。通过抗冻性试验，当氯盐含量超过1.5%时，三灰碎石抗冻性能达不到规范要求。因此，要求用作底基层的海排灰氯盐含量不要大于1.5%。

③ 随着粉煤灰中氯离子的增加，基层、底基层混合料试件干缩应变增长较快，干缩系数增加，因此海排灰基层。底基层施工时更要注意洒水养生。海排灰中氯盐含量对基层、底基层混合料温缩影响不大。

④ 不同氯盐含量的基层和底基层材料在受到冲刷时，冲刷量不一样，氯盐含量越大，冲刷量越大。通过试验可知，海排灰的水泥海排灰碎石抗冲刷性能比三灰碎石料差，因为水泥海排灰中结合料比较少，氯盐溶解后，水泥海排灰集料更容易被冲刷。

(5)通过海排灰碎石基层、底基层的多层弹性层状体系力学分析，验证基于海排灰基层、底基层的路面结构在标准荷载作用下满足设计要求。

(6)通过试验路段施工和检测，对辽宁(营口)沿海产业基地海排灰基层、底基层施工的关键技术和技术指标进行研究。通过试验路段压实度、弯沉、无侧限抗压强度检测，以及对试验路段的长期使用情况(包括路面状况和弯沉)观测，路面的各项性能都满足规范要求，说明海排灰用于道路基层及底基层建设非常成功。在此基础上提出基于海排灰基层及底基层的典型路面结构。

目　录

第一章　绪　论

1.1　问题的提出及意义

由于近来修筑道路和制作水泥需大量使用粉煤灰，使得这种工业废渣日趋紧缺，价格一路攀升。然而许多海边电厂，如鲅鱼圈电厂、大连第二发电厂、庄河电厂、宁波电厂、塘沽电厂，用海水冲排的粉煤灰（亦称海排灰）由于含有盐分一直没有得到很好应用，常年存放在海边的灰池里。这样的海排灰全国有几亿吨，占据了大量农田和海滩，其中有毒成分正污染着环境和相邻水域。例如营口鲅鱼圈电厂泡在海水里的废弃粉煤灰有1000万吨，电厂在海边围起了五六千亩的灰池，把粉煤灰用海水排在这个灰池里。经调查，这个灰池相邻的水域海产品很少，海带都不生长，说明随着海水的流动，海排灰已经对周围环境造成了很大影响。图1-1为鲅鱼圈电厂正在向灰池里排放海排灰。

图1-1　"一望无边"的鲅鱼圈电厂海排灰灰池

辽宁省委、省政府实施的“五点一线”沿海经济带发展战略，道路建设规模巨大，仅辽宁(营口)沿海产业基地的道路建设就需要600万吨粉煤灰，而营口地区符合规范的普通粉煤灰生产和储存才不过七八十万吨，远远不能满足产业基地建设的需要，而且价格每吨高达24元，如从外地买进价格更高。如果能把这种海排灰成功地应用于产业基地道路建设中，变废为宝，节能减排，既能节约资源，又能保护环境，真正做到可持续发展。

海排灰一般由一部分符合《公路路面基层施工技术规范》规定的“细灰”和一部分规范规定不可以直接用的粗粒粉煤灰——“粗灰”，以及颗粒特别大而强度较低的炉渣组成，它含有一定的氯化钠、氯化钾，属于低活性粉煤灰[79]。这些长期泡在海水里的海排灰，活性可能已经发生改变，能否用于道路基层，一直没有先例。如盲目把这种材料直接应用，一旦失败，将造成道路大面积破坏，损失不可估量。

本书将以辽宁(营口)沿海产业基地道路基层、底基层建设为工程背景，研究海排灰基层、底基层的路用性能，反应机理，施工技术标准等内容，以此来确定这种材料能否用于道路基层、底基层，以及如何应用才能满足工程要求。

鲅鱼圈电厂灰池储量大且免费供应海排灰，如果本课题研究成功，将开创海排灰应用于道路建设的先河，可以减轻全国有海排灰的电厂每年造成的环境污染的沉重负担，减少电厂废物排放量，创造海排灰的巨大经济价值，对缓解当地粉煤灰供求关系有重要意义。

1.2 国内外研究现状

海排灰跟普通粉煤灰相比较，其基本性能与普通粉煤灰相同，但由于长期浸泡在海水中，最主要的区别在于海排灰属于低活性粉煤灰，且其中含有大量的氯盐。这里主要介绍粉煤灰、低活性粉煤灰在道路基层中的研究现状，以及氯盐对基层材料性能影响的研究现状[16]。

1.2.1 粉煤灰应用于道路基层的研究现状

随着粉煤灰在公路工程中应用的日益广泛，国内外对粉煤灰路用性质的研究不断深入，从而为粉煤灰的利用起到十分积极的推动作用。目前，粉煤灰主要用石灰或水泥稳定的道路基层，其种类有水泥(石灰)粉煤灰土、水泥(石灰)粉煤灰碎石(砂砾)。英国道路研究试验室，索尔幅德和格拉斯哥大学，在20世纪60年代初期就做了广泛的研究与发展工作，运输部提出了粉煤灰-水泥基层和底基层规范[3]。

由于粉煤灰是半刚性基层材料的重要组成部分，许多国家对水泥海排灰稳定类进行了深入的研究，其中有代表性的成果有[6,7]：

(1)1964年，A. Herzog，R. Bock研究了影响水泥海排灰稳定土强度的一些因素。

(2)1976年，R. S. Andres研究了影响石灰、粉煤灰碎石混合料耐久性的一些因素。

(3)1988 年，美．姆．下迈斯．拉曼等人对石灰粉煤灰材料的热膨胀性做过研究，并认为硬化后的 LFA(石灰、粉煤灰、骨料)材料的热膨胀系数主要受这样材料中与骨料含水量的影响，当含水量接近时，典型的热膨胀系数与水泥混凝土大致相同。

(4)1988 年，Rapkal，Gokhan 对水泥海排灰稳定土进行短期高温养护和低温长期养护的试验，得出了两者之间的关系，用短期、高温养护条件下的实测值来预测设计值。

(5)1988 年，B. RA.. Akofo 对水泥海排灰稳定土无侧限抗压强度的室内试验，得出最佳的石灰和粉煤灰含量。

(6)法国和澳大利亚对半刚性基层材料的抗冲刷性能进行了一些研究，但主要是针对水泥稳定类，而对水泥海排灰碎石涉及较少。

(7)美国 ASTM 中对水泥海排灰碎石混合料的质量，也只采用了养生后强度和耐久性两个指标来评价。

(8)在美国，最初由 R. L. Handy 等人在往水泥土中掺加化学试剂的研究中发现，浸入氢氧化钠溶液的水泥土试件，其强度增长 15%。他们同时还发现，在拌和水中加入氢氧化钠也能够增加水泥土强度。K. P. Goecker 等人观察到氯化钙对提高压实的石灰粉煤灰土混合料的强度有益。值得一提的是衣阿华州立大学的 D. T. Devidson 教授等人在此基础上，对 47 种化学试剂作为促进石灰粉煤灰间火山灰反应的外掺剂进行了试验评定。

(9)在法国，曾经为避免石灰粉煤灰混合料早期强度低的缺点，采用了普通石膏作为硬化加速剂，提出在 5%石灰掺量的石灰粉煤灰混合料中，再掺加 5%石膏，混合料的 7d 强度可增加到最高。

法国自 1957 年以来，就把粉煤灰用于路面建筑，粉煤灰-水泥拌和物已在一些干线公路用作底基层，并发现它比其他地方铺路材料更优质、更廉价。

在美国不同地区，已经有几个现场试验和验证工程对水泥粉煤灰稳定碎石基层路面的性能做了评价。试验路段包括建于密苏里州的堪萨斯城，西弗吉尼亚州的海吾德和查尔斯顿。这些现场试验的结果都良好。粉煤灰用于基层和底基层的最大的单项工程是纽瓦克的机场跑道、滑行道和停机坪。代表性的配合比是 2.8%石灰、0.7%波特兰水泥、12%～14%粉煤灰，其余是水力填砂和粗骨料。用于这个工程的粉煤灰达两百多万吨。

在设计方面，国外用于水泥稳定粉煤灰混合料基层的厚度设计方法，只要求混合料经久耐用。耐久性评定方法是以无侧限抗压强度为基础的。英国配料设计标准是以抗压强度为基准，这些标准已在英国灰渣协会出版的《水泥稳定粉煤灰基层设计指南》中加以说明。

我国粉煤灰研究开发利用始于 20 世纪 50 年代，主要集中在水泥和混凝土应用开发试验研究上，并已在工程建设中广为应用。如 50 年代中期东北地区冶金基地建设，三门峡水利枢纽工程，广西大化水电站的建设，以及近年来的城市高层建筑如上海东方明珠塔等。但与发达国家相比，我国粉煤灰利用率还很低。

在道路方面[6]，在 80 年代，我国开始系统研究粉煤灰作为道路的半刚性基层。多年的实践证实，采用石灰稳定粉煤灰(简称水泥海排灰)的道路半刚性基层与石灰稳定土相比具有更高的强度，更好的水稳性和抗冻性；与水泥稳定类材料相比，具有较好的防收缩开裂和后期强度增长更有潜力的特点；同时还具有材料来源广泛、建设费用投入低等优势。因此，石灰稳定粉煤灰已成为用途最广的路用材料之一。我国十多年来所修建的高等级公路，其中许多都采用水泥海排灰碎石基层和水泥海排灰土底基层结构，从而为推动高等级公路建设起到了十分积极的作用。河北省和唐山地区这些年来在公路建设过程中，充分利用本省和本地区煤炭资源丰富、火力发电厂众多的优势，也大量使用了粉煤灰作为路用材料，使石灰稳定粉煤灰成为当地道路结构中的最主要基层结构。

吉林省公路勘测设计院 1986 年设计的四浑线平岗至三合线，公路等级为二级。原设计水泥海排灰碎石上基层配合比为 8：18：74，因为铁路规定生石灰雨季不能运输，只能运消解的石灰，所以亏方量较大，检验钙镁含量有的达不到 50%，部分因遇雨成膏状不能使用，石灰每吨造价超过 120 元，质量次且价格高。为保质量，保工期，降低成本，提出用水泥代替石灰做水泥粉煤灰稳定碎石层。在 K0＋760 段长 3760m 用水泥粉煤灰稳定碎石做上基层，其施工配合比为水泥：粉煤灰：碎石＝4：20：76，效果很好。

在全国有条件的地方，大多数推广采用水泥海排灰（石灰、粉煤灰）结构，但南九公路沿线石灰来源相当困难，因此采用了低剂量的水泥来替代水泥海排灰结构中的石灰。为此，首先在室内进行了大量的试验工作，取得了一些可靠的数据后，首次在南九公路K0＋375～K0＋535 处铺筑试验段。

山东省枣庄世纪大道工程路面总厚 55cm。基层采用 16cm 厚水泥粉煤灰稳定碎石。江西梨园至温家圳高速公路全长 244.749km，该段路面基层采用水泥粉煤灰稳定碎石，这是在国内第一次使用水泥粉煤灰稳定碎石作为高速公路路面的基层。

东南大学交通学院和南京机场高速公路管理处根据足够的强度、良好的抗裂性能原则进行了南京机场高速公路水泥粉煤灰稳定碎石基层的配合比设计，并采用正交试验方法对配合比设计的主要影响因素及干缩、温缩特性进行了较全面的试验研究。

上海沪杭高速公路指挥部对不同级配的水泥海排灰碎石材料力学性能和干缩性能试验得出了如下结论：

(1)混合料中石灰和细集料含量的减少会导致早期抗压强度的降低。

(2)石灰用量增加，最大干缩应变和干缩系数均增大。

(3)龄期对干缩特性的影响，随着龄期的增大，干缩应变和干缩系数均减小。

在粉煤灰稳定类混合料微观机理研究方面，河南交通职业技术学院张鹏分析了石灰粉煤灰混合料强度的形成机理，并通过理论分析说明了提高石灰粉煤灰混合料早期强度的措施。交通部科学研究院的萧赓等通过 X 射线和扫描电子显微镜，分析了水泥粉煤灰级配碎石基层混合料微观结构形成过程，揭示了其强度形成机理[10]。

杨锡武等针对水泥粉煤灰混合料中路面基层的抗压、劈裂等强度特性展开了研究[8,9,11]，他们的试验结果显示，水泥（石灰）粉煤灰具有明显的早强效果，故在高级路面设计和施工中得到应用，对保证工期，提高工程质量，适应重型交通的发展都是合理而有效的。

在水泥粉煤灰稳定类混合料成型延迟时间研究方面，杨锡武等通过室内试验和试验路施工测试，研究了这种路面基层混合料的最长成型延迟时间，并用X衍射方法分析证明了水泥粉煤灰混合料中的水泥水化进程减慢。

孙建民在《水泥粉煤灰碎石基层集料的级配研究》一文中，在总结国内外研究的基础上，提出骨架密实型水泥粉煤灰稳定碎石，以减少基层收缩裂缝，从而提高水泥粉煤灰稳定碎石基层使用性能。与国内规范推荐水泥稳定碎石级配比较，表明了骨架密实型水泥粉煤灰稳定碎石具有优良的路用性能。

长安大学的沙爱民以水泥粉煤灰稳定碎石基层的级配范围为研究对象，以抗压强度为控制指标，依次给出了适合用水泥粉煤灰稳定的集料连续级配范围和间断级配范围[1,2]。

长安大学徐江萍对水泥粉煤灰稳定碎石基层的沥青路面抗裂性能进行了研究[6]。首次提出基于施工季节的基层材料含水量变化幅度、干缩抗裂系数及强度偏差系数的水泥粉煤灰稳定碎石抗干缩开裂指标，以及基于施工温度、年平均月份最大温差及温缩抗裂系数的抗温缩开裂指标；研究了高性能水泥粉煤灰稳定碎石配合比设计方法；试验得出水泥粉煤灰稳定碎石7d抗压强度与抗压回弹模量关系式以及7d抗压强度与180d劈裂强度的关系式，为路面结构设计提供依据；研究了未铺沥青面层过冬阶段水泥粉煤灰稳定碎石基层结构温度场；深入研究了水泥粉煤灰稳定碎石基层预锯缝间距、宽度、深度的影响规律，推导出锯缝尺寸参数的计算公式，并提出锯缝尺寸的建议值；结合实体工程提出确定水泥粉煤灰稳定碎石基层锯缝合理时间的方法。

1.2.2 低活性粉煤灰应用于道路基层的研究现状

低活性粉煤灰通常是指除了国标Ⅰ级和Ⅱ级以外的粉煤灰，包括Ⅲ级灰和等外灰。这部分粉煤灰通常是因为颗粒较粗，与结合料反应慢，因而形成混合料的早期强度低。目前，低等级粉煤灰在国内电厂的总产灰量中占绝大部分。对于低活性粉煤灰的研究和应用，国内外学者也进行了一些工作。主要是从提高粉煤灰的活性入手，也有直接应用的情况。

苏联通路科学研究所哈萨克分所的技术副博士 b·A·阿斯马图拉耶夫等人[6]利用低活性粉煤灰修筑路面基层，他们就低活性粉煤灰的施工工艺方面进行了研究，并提出了两阶段方法（即预先将粉煤灰和混合料的矿物部分搅拌，然后往拌和机中送石灰搅拌）效果最好。同时他们也进行了添加外掺剂，以活化结合料的水解作用和水化作用，进而提高混合料强度的研究。他们的研究指出，添加氯化物和其他盐类能够提高混合料的强度。

中国建材科学院水泥所肖忠明对唐山陡河店的粉煤灰进行预处理后掺入水泥混凝土中，提高了低活性粉煤灰的活性和混凝土的早期强度[26]。

济南市墙体材料革新办公室王德广等人[6]对济南黄台火电厂干排灰的研究指出，由于原状灰活性较差，不能直接利用，他们采用对原灰进行粉磨处理，采用生石灰进行活性激发，使制得的粉煤灰混凝土性能得到提高，通过比较试验，经粉磨和化学激发的粉煤灰混凝土28天龄期强度可提高50%。

河南省漯河市公路管理局探讨了漯河老电厂劣质粉煤灰填筑路堤的情况[6]。提出了路堤边坡防护，路堤压实等方面的技术问题及措施，并进行了效益分析。

钟德建等将福建漳平电厂排放的Ⅲ级粉煤灰用于公路路面基层的研究中，进行了集料级配组成设计、胶结料选择、水泥粉煤灰稳定土重型击实试验、混合料的配合比设计、无侧限抗压强度试验；在公路面层的应用研究中，进行了抗折强度、抗压强度、砂浆收缩与耐磨的试验。得出结论：在高掺量Ⅲ级粉煤灰的情况下，混凝土的指标全部满足要求。按面层厚度240mm，路宽15m考虑，每公里道路可降低直接费用12.6万元。蒋晓曙等也对Ⅲ级粉煤灰用于道路混凝土进行了试验研究[27]。

从国内外利用的情况看，除回填等大批量利用外。作为建材生产与建筑工程的原料，特别是在水泥墙体材料等方面的利用尽管在技术上已获得不少成功，但因提取后仍剩下大量废渣，而且提取费用很高，只有较少的项目得到推广应用。即使在工业发达的国家，低活性粉煤灰的利用技术仍然是粉煤灰综合利用的主要问题。今后低活性粉煤灰综合利用的趋势仍以大容量利用为重点，其中在道路工程中的应用是主要应用领域之一。

以上研究都是针对不含盐的粉煤灰，至于海排灰用于道路建设及研究，目前国内外还没有报道。

1.2.3 氯盐对水泥、石灰基层材料的影响研究现状

本书研究的海排灰跟普通粉煤灰相比，最大的差别就是海排灰中含有大量的氯盐。游离的氯离子可以使道路材料潮解、“泛盐”，还可能因游离氯离子被地下水带走使得基层强度降低。把氯盐对各种半刚性材料（三灰碎石、水泥海排灰碎石）路用性能的影响机理研究清楚，是海排灰应用于道路建设的前提。但到目前为止，国内外还没有海排灰用于道路基层的研究报道，只有氯盐对水泥混凝土影响的一些研究，但还不太成熟。考虑到水泥海排灰稳定碎石材料、三灰材料组成跟水泥混凝土类似，下面介绍氯盐对混凝土影响的一些研究进展[17~25]。

人们研究氯盐对水泥混凝土材料影响的直接原因是混凝土中氯离子引起的钢筋锈蚀导致结构耐久性不足。一般混凝土孔隙中的水分都是以饱和氢氧化钙溶液的形式存在，pH值为12.5～13.5，在这样的强碱性环境中，钢筋表面会迅速形成非常致密的钝化膜，使腐蚀难以进行，但当pH值下降并有氯离子存在时，钢筋钝化膜会迅速发生破坏，形成“腐蚀电池”，氯离子的导电作用提高了腐蚀电池的效率，从而加速了电化学腐蚀过程。我国海域辽阔，海岸线长，大规模的基本建设集中于沿海地区，而海边的混凝土工程由于长期受氯离子侵蚀，混凝土中的钢筋锈蚀情况非常严重，使用年限只有4～10年，已建成的海港码头等工程多数都达不到设计寿命的要求。我国北方地区为保证冬季交通畅行，向道路、桥梁及城市立交桥等撒盐除冰，大量使用的氯化钠和氯化钙，使得氯离子渗入混凝土，引起钢筋锈蚀破坏。我国还有广泛的盐碱地，其腐蚀条件更为严重，调查发现，普通混凝土在盐湖卤水干湿循环条件下2～3年就被严重腐蚀。

很多学者认为只有溶解在混凝土孔隙溶液中的氯离子(自由氯离子)对钢筋的腐蚀起作用。因此,氯离子的固化作用将有效地延缓钢筋的锈蚀。人们最初对氯离子被混凝土材料中的各种组分所固化的行为产生关注,正是基于上述原因。但随着研究工作的深入,氯离子的固化机理已成为一项有别于钢筋锈蚀研究的独立课题。管学茂在中国建筑材料科学研究院博士后出站报告中就研究了水泥基材料在氯盐环境的服役行为与机理,为预防钢筋锈蚀,提高混凝土的耐久性奠定理论基础。

在混凝土中的氯离子有两种存在形式:一是混凝土孔隙溶液中的游离(自由)的氯离子;二是被水泥组分或水化产物结合(固化)的氯离子。区别于游离的氯离子,固化的氯离子即指任何在水泥混凝土孔溶液中无法自由移动的氯离子。固化主要有化学固化与物理固化(以吸附为主)两种形式。固化的和游离的氯离子是同时存在的,并保持化学平衡,不过这种划分目前仍存在争议。

氯离子的化学固化,指的是氯离子与某一水泥组分或水化相之间发生了化学反应,从而使得一部分氯离子被固化,不再游离于孔隙溶液中。这一化学反应的机理目前仍不太清楚。人们只是知道水泥熟料中的 C_3A 相可与氯离子反应生成氯铝酸钙盐水化物($C_3A \cdot CaCl_2 \cdot 10H_2O$),通常又将这种物质称为 Friedel 盐。另有学者认为,C_4AF 与氯离子之间也有类似的反应,生成氯钙铁酸盐,其与 Friedel 盐的结构类似。但以上两种反应在氯离子固化中的重要性仍不清楚。某些文献报道了在内掺(指在拌合时即加入氯离子)与外部渗入(指水泥基材料硬化后氯离子从外界渗透扩散浸入)氯离子的实验中,最终均发现了 Friedel 盐。有学者认为反应物应是硅酸盐水泥中的 C_3A 相,但是如果有硫酸盐存在,硫酸根会与氯离子争夺 C_3A 相,并与之发生反应。在这一竞争中,硫酸根更具有优势,也就是说,在有氯离子存在的水化反应中,先是 C_3A 与硫酸盐生成钙钒石(AFt),硫酸盐消耗完毕后,才有 Friedel 盐的生成。而在氯离子消耗尽后,钙钒石又继续与 C_3A 或 C_4AF 反应生成单硫铝酸盐类水化物(AFm)。

但在无内掺氯离子的条件下,外部氯离子首先要渗透进入硬化浆体,此时 C_3A 已经水化完毕了。Metha 和 Midglye 等人发现在这种条件下,AFt 与 AFm 相仍保持稳定,仅有未水化的 C_3A 相与渗透进入的氯离子反应。不过,Glases[24] 等人报道了水化了的 C_3A 相也可与氯离子反应生成 Friedel 盐。

除了 C_3A 的影响外,一些文献还解释了 C_3A 相与 $CaCl_2$ 发生化学反应,生成 Friedel 盐从而完成氯离子的固化的过程,其中 $CaCl_2$ 直接加入拌合水中,即内掺氯离子试验。并说明如内掺的为 NaCl,则固化过程的反应方程式为:

$$Ca(OH)_2 + 2NaCl = CaCl_2 + 2Na^+ + 2Cl^- \qquad (1-1)$$

$$C_3A + CaCl_2 + 10H_2O = C_3A \cdot CaCl_2 \cdot 10H_2O \qquad (1-2)$$

近来更多的研究测试图应用离子交换的理论来解释 Friedel 盐的生成。根据离子交换理论,在 AFm 层间的 OH^- 被孔隙溶液中或外部渗入的氯离子置换,并导致了 Friedel 的生成。反应方程式见(1-3):

$$R-OH^- + Na^+ + Cl^- = R-Cl^- + Na^+ + OH^- \tag{1-3}$$

其中：R 指的是 $AFm-OH^-$ 结构（$[Ca_2 \cdot Al(OH^-)_6 nH_2O]^-$），$n$ 值与 $AFm-OH^-$ 结构有关。

Suryavanshi[22] 等人则研究了内掺氯离子条件下氯离子的固化，但据他分析，离子交换作用下固化的氯离子仅是总固化量的一小部分。同时他也研究了 Friedel 盐的结构，发现它是 AFm 家族中的一类，而 AFm 家族的组成存在一个变化范围，并且它们全都具有类似于 SO_4^{2-} 晶体层状结构特征，其组成可以用通式 $[Ca(Al,Fe)(OH)_6] \cdot X \cdot nH_2O$ 来表示，其中 X 表示一个单价阴离子或半个双价阴离子。很多种类的阴离子可以作为 X，但是在水泥化学中最为重要的是 OH^-，SO_4^{2-}，CO_3^{2-} 和 Cl^-。Friedel 盐就是在 AFm 结构中 Cl^- 作为 X 的一种情况。根据他的分析可以得出这样的结论，Friedel 盐主要是在有内掺氯离子条件下水化过程中生成的，仅有很少一部分是在水化之后通过氯离子与 $AFm-OH^-$ 结构发生离子交换而生成的。

M. R. Jones[23] 等人也提出了 Friedel 盐形成机理，它们认为 Friedel 盐与 AFm 属于同一家族，它们的基本结构均是 $[Ca_4Al_2(OH)_{12}]^{2+}$，其正电荷由阴离子平衡，如单价的 OH^-，Cl^- 或二价的 CO_3^{2-}，SO_4^{2-} 等。Friedel 盐的形成有两种机理：

机理一，离子交换机理，$AFm-OH^-$ 通过离子交换转化成 Friedel 盐，对于氯化钠，由于氯离子进入 AFm 结构，在混凝土的液相中 Na^+ 的浓度增大，为了补偿电荷平衡，OH^- 从 $AFm-OH^-$ 释放出来，即 $[Cl^-]_{bound} = [OH^-]_{released}$。

机理二，吸附机理，Friedel 盐由两个 $[Ca_2Al_2(OH)_6 2H_2O]^+$ 结构层组成，氯离子被吸附进入结构层，平衡其电荷，钠离子则离开孔隙溶液被吸附到固相中，它可能被 C-S-H 凝胶吸附，因其比表面积达到 $3000m^2/g$。

对于机理一，混凝土孔隙溶液中钠离子浓度保持不变，氯离子与 AFm 结构层的 OH^- 离子交换，孔隙溶液中的 OH^- 离子增加，Cl^- 减少。对于机理二，氯离子被吸附进 AFm 结构，Na^+ 被 C-S-H 凝胶吸附，即被 AFm 吸附氯离子量等于 C-S-H 凝胶吸附的 Na^+，同时 C-S-H 凝胶释放等量的质子进入孔溶液。同时他们认为在氯离子的化学固化过程中两种作用同时存在。

此外，我国学者王绍东等人认为[25]，简单地认为 C_3A 含量越高，抗氯离渗入能力越强，甚至认为采用 C_3A 含量高的水泥以降低钢筋锈蚀的危险性，这样的观点似是而非。首先，氯离子渗入混凝土的迁移机制为扩散、毛细管吸附和渗透，所以渗透速度决定于多种因素，在很大程度上是由混凝土的微结构所决定的，如果铝酸盐相（如 C_3A）含量太高，由于其形成结晶水化产物而造成多孔微结构，这一作用可能抵消其固化氯离子能力高的优势；另外，由于 C_3A 早期水化放热量高，提高了混凝土内部温升，这在海工结构中更为不利。

氯离子的物理固化主要是指水泥基材料对氯离子的物理吸附作用，如水化硅酸钙（C-S-H）凝胶表面吸附氯离子。不过遗憾的是，至今有关氯离子的物理固化或吸附的相关机理研究同样是很不完整的。

近来的研究多集中在利用双电层理论来解释氯离子在 C-S-H 凝胶表面被固化的

现象。Larsen 解释道，水化物因吸附了溶液中的阳离子（如 Ca^{2+}，Na^{+} 等）而带正电，并使带负电的氯离子被吸附在其上。双电层的电位与所吸附阳离子的价数、温度和孔隙溶液中的氯离子浓度均有关系，特别是后者，具有决定性的影响。

此外，还有文献报道了其他形式的氯离子与 C－S－H 凝胶的固化情况。Diamond 通过观察背散射电子的 SEM 图像，发现有氯离子存在于 C－S－H 结构内部。他解释道，内掺氯离子条件下，某些氯离子可以进入 C－S－H 结构的内部。Ramachandran 则通过研究 $CaCl_2$ 与 C_3S 水化物的作用机理，成功区分了三种不同反应类型，根据作者的论述，氯离子可以存在于水化硅酸钙的化学吸附层上，渗透进入 C－S－H 层间孔隙，还可被紧紧固化在 C－S－H 微晶点阵中。

综上所述，对于海排灰基层、底基层材料，如果找到合适的配合比，使氯离子在半刚性基层材料中能够被充分固化，就不会出现潮解、“泛盐”等现象，对材料路用性能影响就不会很大。因此海排灰应用于道路基层结构的研究的是很有必要的。

1.3 本书研究内容及技术路线

1.3.1 主要内容

为了系统研究海排灰应用于道路路面基层的可行性和如何合理利用，本书主要从海排灰稳定碎石基层及底基层材料配合比、化学反应机理、海排灰的氯盐含量对基层材料的路用性能影响、路面力学计算分析、试验路段验证等五个方面来进行研究。本书所提的海排灰稳定碎石包括水泥海排灰稳定碎石基层材料和水泥石灰海排灰稳定碎石（三灰碎石）底基层材料两种，具体内容如下。

1. *海排灰稳定碎石基层及底基层材料配合比研究*

（1）各种材料性能检测

全面了解目前鲅鱼圈电厂灰池所储存的粉煤灰作为路面基层或底基层材料的物理力学性能以及路用性能。其中，粉煤灰材料成分分析是一项最为基础的工作，主要包括规范中所规定的粉煤灰的有效成分 SiO_2，Al_2O_3，Fe_2O_3 的含量、烧失量、粒度分析和氯盐含量等。还有组成水泥海排灰稳定碎石材料、三灰材料的石灰、水泥和碎石性能检测试验。

（2）配合比试验，确定基层和底基层材料的最优掺配比例

对基层、底基层材料进行最佳配合比设计。配合比试验步骤如下：首先确定水泥海排灰稳定碎石基层材料的集料级配范围；其次通过理论分析和试验确定水泥海排灰稳定碎石结合料（水泥、海排灰）和三灰结合料（水泥、石灰、海排灰）的最佳比例；最后确定结合料与集料的比例。

2. 海排灰与结合料化学反应机理研究

海排灰对水泥、石灰水化的影响研究包含两部分：一部分是粉煤灰对水泥、石灰矿物反应分析，如水化反应、火山灰反应；一部分是氯盐对生成物的再反应分析，表现为水泥、石灰基材料对海排灰中氯离子的固化。本书通过SEM扫描和XRD衍射等微观分析方法，对不同氯盐含量海排灰组成的水泥海排灰稳定碎石基层材料、三灰底基层材料，在养生3d和28d时，生成物的变化和微观结构的变化，以此来分析氯盐对水泥海排灰稳定碎石混合料、三灰材料的水化反应、火山灰反应影响，还分析了水泥海排灰结合料、三灰结合料对氯离子固化机理，为海排灰应用于道路基层和底基层提供理论依据。

3. 海排灰的氯盐含量对基层及底基层材料的路用性能影响研究

由于鲅鱼圈电厂的粉煤灰长期泡在海水里，故氯盐含量比较高。这是为什么海排灰至今还没有得到应用的原因，因此，氯盐含量对混合料强度和性能的影响，是本书研究的重点。通过海排灰组成的半刚性基层材料和普通粉煤灰组成的半刚性基层材的对比试验研究，找出它们的路用性能差异，同时判定海排灰组成混合料的路用性能是否达到规范要求。这些路用性能试验包括：无侧限抗压强度、抗冻性能试验、干缩试验、温缩试验、冲刷试验等。

4. 海排灰碎石基层及底基层路面力学分析

在室内试验完成之后，试验路段铺筑前还要确定合适的路面结构型式。本书结合规范推荐的典型沥青路面结构型式、室内试验结果、营口地区沥青路面设计经验以及其他筑路的材料使用的情况，拟定试验路段的路面结构类型。并利用有限元分析程序，对试验路段内拟定的路面结构进行力学响应分析，研究交通荷载因素的作用下的应力、应变和位移场，为确定既安全又经济的路面结构型式提供依据。

5. 实体工程试验与关键技术指标确定

根据室内试验和理论分析研究的成果，铺设现场试验路，选取有代表性的试验段进行室外试验。该部分研究的主要目的是通过检查试验路段施工质量，验证这些材料以及混合料组成的现场使用性能。该部分试验工作主要有路面基层、底基层取样指标测试，如基层及底基层压实度、抗压强度和现场弯沉测试。通过试验路段的施工，制定出一套适合于当地的、可行的施工工艺流程，这也是铺设试验路段的主要原因之一。通过试验路段施工，本书还结合理论分析、现场试验和施工流程，提出海排灰基层、底基层施工的关键技术指标，用以指导生产施工。在经过对试验路段长期性能观测的基础之上，提出海排灰用于道路基层及底基层的典型路面结构。

1.3.2 技术路线

本书从广泛调研入手，研究包括室内试验、理论分析和试验路段验证等几个阶段。研究步骤及技术路线见图1-2。

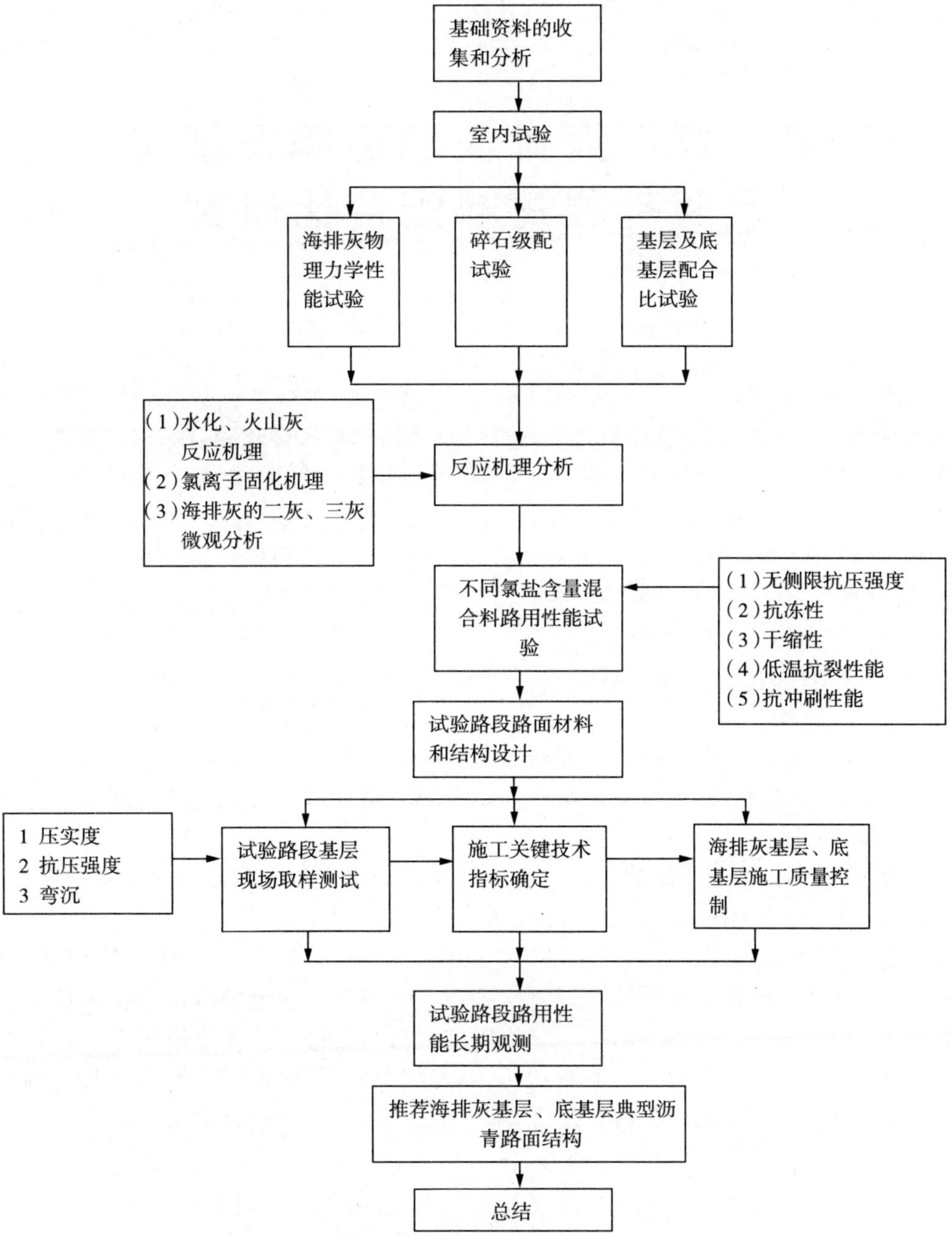
基础资料的收集和分析
室内试验
海排灰物理力学性能试验
碎石级配试验
基层及底基层配合比试验
(1)水化、火山灰反应机理
(2)氯离子固化机理
(3)海排灰的二灰、三灰微观分析
反应机理分析
不同氯盐含量混合料路用性能试验
(1)无侧限抗压强度
(2)抗冻性
(3)干缩性
(4)低温抗裂性能
(5)抗冲刷性能
试验路段路面材料和结构设计
1 压实度
2 抗压强度
3 弯沉
试验路段基层现场取样测试
施工关键技术指标确定
海排灰基层、底基层施工质量控制
试验路段路用性能长期观测
推荐海排灰基层、底基层典型沥青路面结构
总结

图1-2　技术研究路线

第二章　海排灰稳定碎石基层及底基层材料配合比研究

本书以辽宁(营口)沿海产业基地道路建设为依托。沿海产业基地道路底基层拟采用水泥石灰海排灰碎石(三灰碎石)结构;基层拟采用水泥海排灰碎石结构。海排灰组成的基层混合料能否用于道路基层结构,不仅要看海排灰的性能,而且要看水泥、石灰、碎石的性能,以及它们的组成比例。混合料受力变形特性是各结构特性组成因素的综合反映,即混合料力学特性与结构特性成对应关系。当组成混合料结构特点的各因素发生变化时,混合料的力学特性也会发生变化。

混合料的结构特点取决于以下因素[1]。

(1)矿质颗粒的结构特点:包括矿料颗粒的大小、形状、级配、岩性等都会对混合料的结构特性产生影响。

(2)水泥石灰海排灰结合料:水泥与石灰海排灰的比例,石灰与海排灰的比例,石灰中有效氧化钙、氧化镁的含量、海排灰的细度及颗粒组成都会对混合料的结构特性有很大的影响。

(3)混合料中海排灰的氯盐含量对整体结构特性也有很大的影响。氯盐含量大时,混合料遇水时,当中的盐颗粒溶于水,使结构变疏松,强度下降。

因此,要研究海排灰能否用于道路基层及底基层,必需首先从以下几个方面研究:①海排灰和水泥、石灰、碎石材料的物理力学特性。②海排灰组成的水泥海排灰稳定碎石混合料、三灰结合料的配合比设计。基层、底基层材料的路用性能取决于它的材料组成配合比,即集料的级配,结合料与集料的比例,水泥与海排灰的比例等。它们彼此制约,相互影响。为充分挖掘这种材料的路用潜能,首先需要研究原材料的性能。

2.1　原材料的物理力学性质试验

2.1.1　海排灰试验

海排灰必须具有一定的活性。为了确保水泥海排灰稳定碎石混合料、三灰碎石的质量,需要对海排灰的活性成分 Fe_2O_3,SiO_2,Al_2O_3、烧失量和比表面积进行测试。本书取鲅鱼圈电厂灰池海排灰试样进行成分分析，主要内容包括 SiO_2，Al_2O_3，Fe_2O_3 的含量、烧失量、盐分或粒度分析。由于鲅鱼圈电厂灰池海排灰量特别大，排放年代不一样，在海水里浸泡位置也不一样，为了使本研究具有普遍性，这里把灰池按不同区域取了有代表性的四种样本。分别为 A 样、C 样、D 样、E 样。

1. 有效成分分析

不同的海排灰对材料的强度贡献有很大差别，这主要是由于海排灰的化学成分、烧失量和细度有差别。海排灰的化学成分和矿物组成不但是影响材料早期强度的重要因素，同时也是材料后期强度增长的重要条件。海排灰的有效成分见表 2－1 和图 2－1。

表 2－1　不同区域海排灰有效成分分析表

试样描述	化学成分百分含量(%)				
	SiO_2	Al_2O_3	Fe_2O_3	CaO	MgO
鲅鱼圈电厂海排灰(A 样)	53.5	28.0	9.5	3.4	1.2
鲅鱼圈电厂海排灰(C 样)	57.1	24.3	7.7	2.3	1.5
鲅鱼圈电厂海排灰(D 样)	50.06	28.47	7.72	2.70	0.78
鲅鱼圈电厂海排灰(E 样)	55.2	21.7	6.2	3.6	1.3

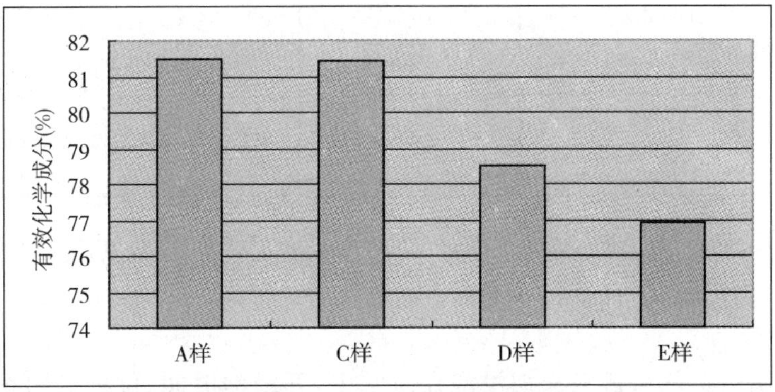

图 2－1　不同区域海排灰 SiO_2、Al_2O_3 含量对比图

鲅鱼圈各样本的海排灰化学成分 SiO_2，Al_2O_3 含量都大于 76%，满足《粉煤灰石灰类道路基层施工及验收规程》大于 70%的规定。

2. 烧失量

粉煤灰中的残留碳分通常采用烧失量来表示，粉煤灰烧失量的绝大部分来源于残留碳份，因此一般认为粉煤灰烧失量的高低能够反映残留碳分的大小。鲅鱼圈电厂这四种样本海排灰的烧失量见表 2－2。

表 2－2　不同样本海排灰烧失量

试样描述	鲅鱼圈电厂海排灰(A 样)	鲅鱼圈电厂海排灰(C 样)	鲅鱼圈电厂海排灰(D 样)	鲅鱼圈电厂海排灰(E 样)
烧失量(%)	1.50	3.16	2.61	1.08

各样本中烧失量最大的为3.16%，满足《粉煤灰石灰类道路基层施工及验收规程》的规定。

3. 粒度

粉煤灰属硅酸盐类材料，经过与石灰或水泥拌和，加水压实成型后都具有明显的水硬性。用颗粒较粗的粉煤灰拌制的水泥海排灰稳定碎石混合料或三灰材料，由于粉煤灰颗粒间隙大，黏结性差，试件成型困难，易破损。

经过筛分，四种样本海排灰的筛分结果见表2-3。

表2-3 四种海排灰样本的筛分结果

筛孔尺寸(mm)	A样通过率(%)	C样通过率(%)	D样通过率(%)	E样通过率(%)
13.2	100	100	100	100
9.5	100	100	100	96.3
4.75	96.1	100	100	88.5
2.36	90.4	100	100	76.2
1.18	84.3	100	98.11	67.0
0.6	75.6	86.4	96.60	56.6
0.3	63.3	79.7	94.08	45.0
0.15	51.3	73.7	88.08	34.1
0.075	32.4	66.3	69.68	20.2
小于0.075	0	0	0	0

由表2-3可以看出，鲅鱼圈电厂海排灰粒度偏粗，不满足《粉煤灰石灰类道路基层施工及验收规程》规定，属于低活性粉煤灰。

4. 盐分分析

由于鲅鱼圈电厂的海排灰长期浸泡在海水中，其浸泡时间、位置等因素都不尽相同，为了了解整个灰池中海排灰的氯盐含量，抽取具有代表性的试样进行盐分分析是十分必要的。海排灰的盐分分析见表2-4。

表2-4 不同区域海排灰盐分分析表

试样描述	盐分百分含量(%)		
	Na	Cl	K
鲅鱼圈电厂海排灰(A样)	0.70	1.10	1.64
鲅鱼圈电厂海排灰(C样)	0.98	0.61	1.97
鲅鱼圈电厂海排灰(D样)	0.49	0.86	1.46
鲅鱼圈电厂海排灰(E样)	0.47	0.80	1.65

表2-4可以看出，四种样本海排灰的氯盐含量分别为1.1%、0.61%、0.86%和0.80%，其中C样氯离子含量最大，为1.10%[79]。

由于海排灰成分跟普通粉煤灰成分相比，主要差异是海排灰中含有一定钠离子、钾离子和氯离子，至于 SO_4^{2-} 几乎没有，而钠离子、钾离子经分析对海排灰混合料特性影响不大，影响海排灰特性最大的是氯离子，因此，本书主要研究氯离子对底基层、基层的影响。

2.1.2 石灰试验

石灰是海排灰水化反应的激发剂，应对其有效 CaO，MgO 的含量提出要求，《公路路面基层施工技术规范》规定消石灰的等级不能低于三级，而且要经过充分消解。本试验采用的为大石桥石灰厂生产的石灰，试验方法根据《公路工程无机结合料稳定材料试验规程》进行，其有效钙加氧化镁含量为 77.8%，消解之后有效钙、镁含量为 69.2%，未消化残渣含量(5mm 筛余)为 12.2%，达到《公路沥青路面设计规范》要求。

2.1.3 水泥试验

采用华新 32.5 级普通硅酸盐水泥，基本性能与化学分析见表 2-5 和表 2-6。

表 2-5 水泥的终凝时间与强度

凝结时间(h：mm)		抗折强度(MPa)		抗压强度(MPa)	
初凝	终凝	3d	28d	3d	28d
2：25	3：50	6.24	9.92	22.12	49.85

表 2-6 水泥化学分析

K_2O	Na_2O	MgO	Al_2O_3	SiO_2	SO_3	CaO	Fe_2O_3	LOSS
0.74	0.15	2.88	6.42	22.13	1.86	55.43	2.89	6.29

2.1.4 碎石试验

本试验方法依据《公路工程无机结合料稳定材料试验规程》进行，根据《公路沥青路面设计规范》对基层、底基层的集料压碎值要求，水泥、石灰粉煤灰稳定类材料，碎石压碎值不大于 26%。本试验压碎值为 25.3%，满足规范要求。基层材料集料的最大粒径不应大于 31.5mm。

2.2 水泥海排灰稳定碎石的集料级配范围

辽宁(营口)沿海产业基地道路的基层材料采用骨架密实型结构，即水泥海排灰碎石混合料既有一定数量的粗骨料形成骨架，又根据残余空隙的多少加入细料，从而使混合料形成较高的密实度。这种结构的混合料三轴试验表明，此种结构不仅具有较高的内摩阻角，而且具有较高的黏聚力。理论上讲，属于该种结构类型的混合料具有最优的力学性能、抗收缩性能和抗冲刷性能。

2.2.1 级配理论

所谓级配就是不同粒径的集料，按照一定比例搭配起来，以达到较高的密实度和较大的摩擦力。通常采用连续级配和间断级配两种。级配理论的研究，实质上发源于我国的垛积理论。但是这一理论在级配应用上并没有得到发展。目前常用的级配理论，主要有最大密度曲线理论和粒子干涉理论[2,33]。

1. 连续级配

连续级配(Continuous gradation)是某一矿质混合料在标准筛孔配成的套筛中进行筛析时，所得的级配曲线平顺圆滑，具有连续的(不间断的)性质，相邻粒径的颗粒之间，有一定的比例关系。这种由大到小，逐级粒径均有，并按比例互相搭配组成的矿质级配。

常用的级配理论，主要有最大密度曲线理论和粒子干涉理论。均可以用于计算连续级配。

(1)密度曲线理论

最大密度曲线是通过试验提出的一种理想曲线。从最大密实这一观点出发，认为颗粒级配曲线愈接近抛物线，则密实度愈大，常用的计算方法如下：

① n 法——泰波 A. N 法，是根据最大密实度原则提出的，目前采用 n 次幂的通式表达，如式(2-1)：

$$P_X = 100 \times (d/D)^n \tag{2-1}$$

式中：d—— 希望计算的某级集料粒径(mm)；

D—— 矿质混合料的最大粒径(mm)；

n—— 递减系数；

P_X—— 希望计算的某级集料的通过量(%)。

通常情况下 $n=0.3 \sim 0.7$，当 $n=0.5$ 时，为富勒曲线。日本认为 $n=0.35 \sim 0.45$，美国将 $n=0.45$ 作为制定标准级配的依据。

② i 方法——同济大学早期提出的方法。该法提出，当颗粒粒径以1/2递减时，直接采用通过百分率递减系数 i 为参数进行矿料级配组成计算。如公式(2-2)所示。

$$P_X = 100\ (i)^x \tag{2-2}$$

$$x = 3.321g(D/d) \tag{2-3}$$

式中：i—— 通过百分率的递减系数；

x—— 矿料粒径的级数，最大粒径为 D_1 时，$x=1$，为 $D_1/2$ 时，$x=2$；

其余参数与上式相同。

此法与 n 法基本相同，即 $i=0.5$，通常认为 $i=0.7 \sim 0.8$ 是合理的范围，$i>0.8$ 则细料过多，不够稳定；$i<0.7$ 则透水，故 $i=0.75$ 是最佳选择。

③ k 法 —— 苏联控制筛余量递减系数的方法。

$$y=3.32\lg(D/0.004) \tag{2-4}$$

$$P_x=100\left(1-\frac{k^x-1}{k^y-1}\right) \tag{2-5}$$

$$x=3.32\lg(D/d) \tag{2-6}$$

式中：k—— 颗粒分级重量递减系数；

d—— 希望计算的某级集料粒径(mm)；

x—— 粒料分档所在级；

y—— 总级数。

同济大学主张 $k=0.7\sim0.8$ 较为合理，我国南方 $k=0.7$ 为好，北方 $k=0.75$ 为好。

④ Bolomey 法 —— 最大理论密度公式。

$$P_x=A+(100-A)\times\left(\frac{d}{D}\right)0.5 \tag{2-7}$$

式中：A—— 通过 35＃ 筛的通过率(%)；

D—— 集料的最大粒径。

(2) 粒子干涉理论

粒子干涉理论认为：为达到最大密度，前一级颗粒之间的空隙应由次一级颗粒所填充，其余空隙又由再次小颗粒所填充，但填隙的颗粒粒径不得大于其间隙之距离，否则大小颗粒粒子之间势必发生干涉现象。为避免发生干涉，大小颗粒之间应按一定数量分配，并从临界干涉情况下可导出前一级颗粒之间的间接距离应为：

$$t=\left[\left(\frac{\Psi_0}{\Psi_a}\right)\frac{1}{3}-1\right]D \tag{2-8}$$

当处于临界干涉状态 $t=d$，则式(2-8)可写成：

$$\Psi_a=\frac{\Psi_0}{\left(\frac{d}{D}+1\right)^3} \tag{2-9}$$

式中：t—— 前粒级的间隙距离(即等于次粒级粒径 d)；

D—— 前粒粒径；

Ψ_0—— 次粒级的理论实积率，即堆积密度与表观密度之积；

Ψ_a—— 次粒积的实用实积率。

式(2-9)即为粒子干涉理论，在应用时如已知集料的堆积密度和表观密度，即可求得集料理论实积率 Ψ_0。连续级配式 $d/D=1/2$，则可按式((2-9)求得实用实积率 Ψ_a，由实用实积率可计算出各级集料的分计筛余。

2. 间断级配

间断级配(Gap gradation)是在矿质混合料中剔除其中一个(或几个)分级，形成的一种不连续的混合料级配[2,33]。

间断级配在我国研究较少，根据研究表明，其存在以下优点：

(1)采用间断级配可更大限度地发挥集料的骨架作用。但是根据工程上使用的集料最大粒径和最小粒径可以判断，间断级配的分级就不会多，空隙率的降低也有一定限度。

(2)间断级配的下一级骨料是完全填充于上一级骨料所形成的空隙之中，而不像连续级配那样下一级骨料尺寸大于上一级骨料所形成的空隙尺寸，起着滚球轴承作用，间断级配的大颗粒之间能相互直接接触，所以间断级配有体积稳定性。但其工作性差，易于离析，就限制了它在工程实际中的应用。

但由于间断级配骨料的空隙率小，且能充分发挥骨架作用，若能克服它的一些缺点。针对造成缺点的原因予以改进，那么它在工程中还是大有作为的。

2.2.2 水泥海排灰稳定碎石集料级配方案研究

一组良好的集料组成，总是要求其空隙率最小，比表面的总和也不能太大，前者的目的是要保证集料本身最为紧密，从而具有较大的摩阻力；后者的目的是要使掺加料最为节约。这类问题的解决途径主要基于填充理论的嵌挤原则以及基于最大密度曲线理论和粒子干涉理论的级配原则。嵌挤原则能够保证集料更加密实，提高摩阻力，而级配原则可使混合料具有更高的凝聚力。水泥海排灰稳定碎石强度主要来源于两个方面，集料颗粒的内摩阻力和结料之间的黏结力。除使水泥海排灰稳定碎石混合料中的粗集料紧密排列，形成良好的骨架结构之外，密实的水泥海排灰砂浆应填满骨架间隙，并将骨架黏结成为整体。这样的结构型式是水泥石灰海排灰稳定碎石发挥优良路用性能的必要条件[2]。

半刚性基层混合料配比设计中，一项重要的工作就是确定混合料中集料的级配。对于悬浮密实结构的混合料配比设计，可直接参照相关规范中的级配范围确定。但对于骨架密实结构和骨架空隙结构而言，目前规范中并没有给出集料的级配范围或设计方法，设计人员无法从规范中得到参考。实际上，无论是悬浮密实结构、骨架密实结构还是骨架空隙结构，粗集料形成的空隙体积与细集料、结合料所占体积之间的关系是决定结构类型属性的关键所在，而且在三种结构类型中骨架密实结构对这种关系最为敏感。

已有的级配曲线中各种粒径石料的百分比是以石料的重量为标准计算得到的，没有考虑集料之间粗细两部分的填充关系。由于悬浮密实结构对混合料中各档料之间的填充关系没有太严的要求，故完全可以这样做。但对于骨架密实结构来说，各档料之间，尤其是粗集料骨架形成的空隙体积与细料所能占有的空间之间有较为严格的要求，它与集料空隙体积和集料占有的体积密切相关。

本研究以抗压强度为控制指标，采用连续级配的理论计算方法——最大密度曲线 n 法，对水泥海排灰稳定碎石材料集料的级配进行研究[2]。

研究思路是：(1)首先确定建立在 n 法连续级配基础上的规范中水泥稳定碎石和石灰粉煤灰稳定碎石的级配范围，哪一种更适合于水泥海排灰稳定碎石；(2)在 n 法的基础上，进一步研究(1)得出的级配范围的上、下限是否需要变动，如何变动。

1. 水泥海排灰稳定碎石级配范围中值

为利用现有成果，简单地在水泥稳定碎石和石灰粉煤灰稳定碎石两种基层集料推荐级配的基础上筛选水泥海排灰稳定碎石集料的级配。具体为当水泥海排灰稳定碎石的级配分别采用规范中水泥稳定碎石的中值和石灰粉煤灰稳定碎石的中值时，如果前者的抗压强度优于后者，就认为水泥稳定碎石的级配范围中值较接近于水泥海排灰稳定碎石级配范围中值；反之较接近于石灰粉煤灰稳定碎石。

规范中水泥稳定碎石和石灰粉煤灰稳定碎石的级配范围和中值如表 2－7 所示。

表 2－7　两种级配碎石的集料颗粒组成范围

通过率(%) / 类型 / 筛孔尺寸(mm)	水泥稳定碎石	水泥稳定碎石中值(级配－Ⅰ)	石灰粉煤灰稳定碎石	石灰粉煤灰稳定碎石中值(级配－Ⅱ)
37.5				
31.5	100	100	100	100
26.5	90～100	95		
19	72～89	80.5	81～98	89.5
9.5	47～67	57	52～70	61
4.75	29～49	39	30～50	40
2.36	17～35	26	18～38	28
1.18			10～27	18.5
0.6	8～22	15	6～20	13
0.075	0～7	3.5	0～7	3.5

(1)配合比：为考察单纯的集料级配变化对材料路用性能的影响，研究中固定混合料的配合比为：水泥：海排灰：碎石＝5：10：85。碎石的级配依次采用规范的水泥稳定碎石中值和石灰粉煤灰稳定碎石中值，并分别简记为级配－Ⅰ和级配－Ⅱ。

(2)试验测定指标：抗压强度。

(3)试件制备：首先根据《公路工程无机结合料稳定材料试验规程》的规定，试验确定级配－Ⅰ和级配－Ⅱ的最大干密度和最佳含水量。接着在 98%最大干密度和最佳含水量的条件下，由静压法模制成型为 15cm×15cm 的圆柱形试件，最后置于 20℃±2℃的环境温度中进行湿气养生。

(4)测定结果和分析：到达 7d 龄期时，测定试件抗压强度，结果如表 2－8 所示。

表 2－8　两种级配的抗压强度试验结果

级配	最大干密度(g/cm^3)	最佳含水量(%)	7d 抗压强度(MPa)
级配－Ⅰ	2.247	6.8	3.8
级配－Ⅱ	2.213	7.1	3.5

由表 2－8 可知，级配－Ⅰ的抗压强度和最大干密度大于级配－Ⅱ。原因分析：由表 2－7 可知，筛孔尺寸等于或小于 4.75mm 的各档筛子的通过质量百分率两种级配相差不大，比较接近，但级配－Ⅰ中 9.5mm 以上偏粗集料含量占级配碎石总重量的 43%，级配－Ⅱ只占 39%；级配－Ⅰ中 19mm 以上粗集料含量占级配碎石总重量的 19.5%，而级配－Ⅱ只占到 10.5%。由于前者较后者含有更多的粗集料，所以，级配－Ⅰ的抗压强度比级配－Ⅱ高。因此，选用粗集料含量较多的水泥稳定碎石的集料级配范围中值作为水泥海排灰稳定碎石的集料级配范围中值。

2. 水泥海排灰稳定碎石级配范围上、下限的研究

在确定水泥海排灰稳定碎石级配范围上、下限时，首先拟定几个上下限，然后通过试验比较来决定。拟定上下限的方法是：①将水泥稳定碎石的上限、下限作为上限备选方案之一和下限备选方案之一；②再利用不同 n 值的最大密度曲线按公式(2－1)的计算得到的两组值作为备选上限、下限方案。理想地认为，随着 n 值的减小，集料中碎石的嵌挤作用逐渐减弱，从而抗压强度逐渐减小；随着 n 值的增大，虽然碎石的嵌挤作用增强，但同时空隙率增大，从而抗压强度也逐渐减小。这也是人们一般认为 n 值有一定合适范围的原因。当 n 值处在 0.3～0.7 之间时，由最大密度曲线 n 幂公式计算出的级配具有较大的密实度。因此，把 $n=0.3$ 计算得到的级配作为一组上限备选方案之二。当 $n=0.5$ 时，通过质量百分率计算值与水泥稳定碎石下限比较接近，且比后者要细，因此考虑将它的 0.075mm 的通过质量百分率修定为 0 后作为水泥海排灰稳定碎石级配范围一组推荐下限备选方案二；③由表 2－10 可知，总体来看，石灰粉煤灰稳定碎石的级配比水泥稳定碎石的偏细。这一点是不难理解的：因为前者的结合料较多，后者的结合料较少。水泥海排灰稳定碎石的结合料显然应该比水泥稳定碎石多，比石灰粉煤灰稳定碎石少。因此它的级配应该比石灰粉煤灰稳定碎石的要粗，比水泥稳定碎石的要细。因此本研究考虑将水泥稳定碎石上限与石灰粉煤灰稳定碎石上限的平均值作为水泥海排灰稳定碎石的上限备选方案三。各备选上下限见表 2－9。

表 2－9　水泥稳定碎石的上限、下限及不同 n 值的 n 幂公式计算值汇总表

类型 / 通过率(%) / 筛孔尺寸(mm)	上限备选方案之一	$n=0.3$ 的上限备选方案之二	上限备选方案三	下限备选方案之一	$n=0.5$ 的下限备选方案二
31.5	100	100	100	100	100
26.5	100	95	100	90	92
19	89	86	93	72	78

（续表）

类型 通过率(%) 筛孔尺寸(mm)	上限备选方案之一	n=0.3 的上限备选方案之二	上限备选方案三	下限备选方案之一	n=0.5 的下限备选方案二
9.5	67	69	68	47	55
4.75	49	56	49	29	39
2.36	35	46	36	17	27
0.6	22	30	21	8	14
0.075	7	16	7	0	0

1）配合比：固定材料的配合比为：水泥：海排灰：碎石＝5：10：85，其中的碎石级配依次采用表 2-9 的上限备选方案之一，n=0.3 的上限备选方案之二，上限备选方案三，下限备选方案之一，n=0.5 的下限备选方案二等五种级配。

2）试验的路用性能指标：抗压强度。

3）结果分析：到达 7d 龄期时，进行抗压强度试验，结果如表 2-10 所示。

表 2-10　五种级配的抗压强度试验结果表

级配	上限备选方案之一	n=0.3 的上限备选方案之二	上限备选方案三	下限备选方案之一	n=0.5 的下限备选方案二
7d 龄期抗压强度（MPa）	3.15	2.79	3.08	3.47	3.41

由《公路路面基层施工技术规范》可知，辽宁营口沿海产业基地的道路基层采用水泥稳定类时，7d 龄期抗压强度的规范值为 3～5MPa。级配上、下限的混合料 7d 抗压强度，要比规范规定的下限大，且要与规范下限接近为好。由表 2-10 的试验结果可知，水泥海排灰稳定碎石级配上限 n=0.3 方案形成的抗压强度不到 3.0MPa，因此这组级配不合理。而推荐上限和上限级配比较，上限备选方案三级配的混合料强度更接近于下限强度，且能满足要求，所以选择上限备选方案三级配作为水泥海排灰碎石的集料级配上限是合理的。两组下限强度相比，n=0.5 的下限备选方案二更合理。具体的级配范围如图 2-2 所示。

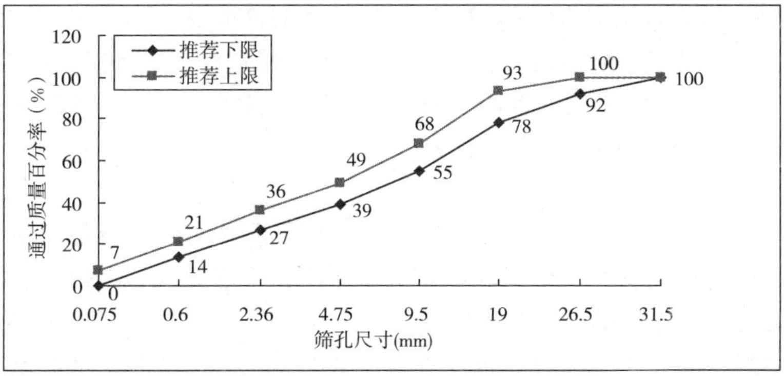

图 2-2　水泥海排灰稳定碎石基层级配范围

2.3 基于海排灰的水泥海排灰碎石基层及三灰碎石底基层混合料配合比研究

本书研究的水泥海排灰碎石和三灰碎石混合料配合比设计主要分两个部分：一部分是结合料之间的最优比例设计；另一部分是结合料与集料之间的最优比例设计。在拟定各种材料之间的比例之前，需要了解组成水泥海排灰结合料的水泥海排灰之间的最优比例影响因素，以及组成三灰结合料的水泥石灰海排灰之间的最优比例影响因素。另外，还要在前人研究的基础之上，确定各结合料之间的大致比例和结合料与集料之间的大致比例。再根据这些成果，拟定各材料的比例进行配合比设计试验。

2.3.1 结合料之间最优比例的研究

1. 水泥、石灰与海排灰最优比例的影响因素分析

水泥与海排灰的合理比例不是一成不变的，它受海排灰、水泥自身品质的影响[2]。

(1)海排灰的品质

海排灰的品质主要表现为其作为粉煤灰的品质。集中体现在火山灰活性上，火山灰活性越高，水泥与海排灰最优比例越小。目前，评价粉煤灰活性大小的方法是比抗压强度法，即用粉煤灰代替部分水泥配制混凝土或水泥砂浆，其抗压强度与基准混凝土或水泥砂浆的抗压强度的比值，就可以反映粉煤灰的火山灰活性高低。此粉煤灰火山灰活性指标是针对粉煤灰中的活性氧化硅和氧化铝，并且主要是针对活性氧化硅而言的，不少研究者甚至将粉煤灰的火山灰活性等同于粉煤灰中可溶性 SiO_2 的含量，因此火山灰活性指标能够反映所有类型粉煤灰的水化硬化能力。

影响粉煤灰火山灰活性的因素很多，包括玻璃体含量、细度、CaO 含量和烧失量等。

① 玻璃体含量

Sybertz(1988)研究了粉煤灰中可溶性 SiO_2 含量对混凝土强度的影响[2]，图 2-3 是他们的试验结果(纵坐标为掺加 20%粉煤灰混凝土的 90d 强度与不掺粉煤灰混凝土的 90d 强度比)：试验结果显示，当粉煤灰中可溶性 SiO_2 从 30%变化到 50%，强度的变化幅度达到 20%。因此，SiO_2 含量对混凝土强度影响是非常大的，故玻璃体含量越多，可溶性 SiO_2 含量越高，粉煤灰的火山灰活性越大。

② 细度

粉煤灰具有很大的比表面积。细度是粉煤灰非常重要的性能指标。研究表明，粉煤灰的颗粒粒径主要分布在 0.5～300μm 的范围内，其中玻璃微珠的粒径范围为 0.5～100μm，但大部分在 45μm 以下，平均粒径为 10～30μm。粉煤灰中微珠粒径往往大于 45μm，海绵状颗粒粒径(包括碳粒)范围在 10～30μm 范围内，但大部分在 45μm 以上。粉煤灰越细，比表面积越大，粉煤灰的活性就越容易激发。

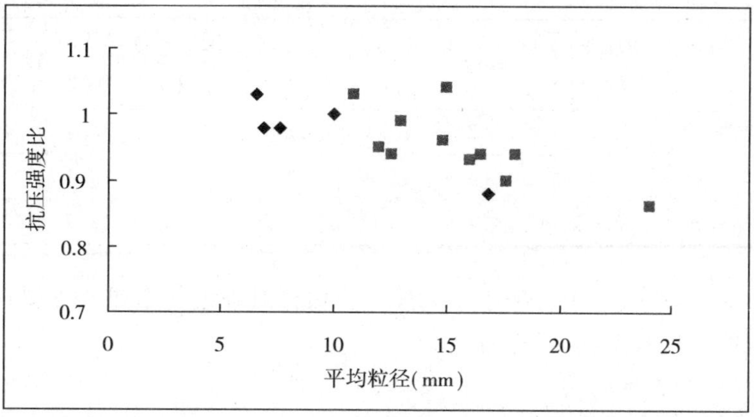

图 2-3　可溶性 SiO_2 含量对抗压强度比的影响

Sybertz(1988)研究了粉煤灰的细度对 90d 龄期抗压强度比的影响[2]，试验结果(图 2-4)显示，粉煤灰越细，抗压强度比越大，说明粉煤灰的活性就越高。

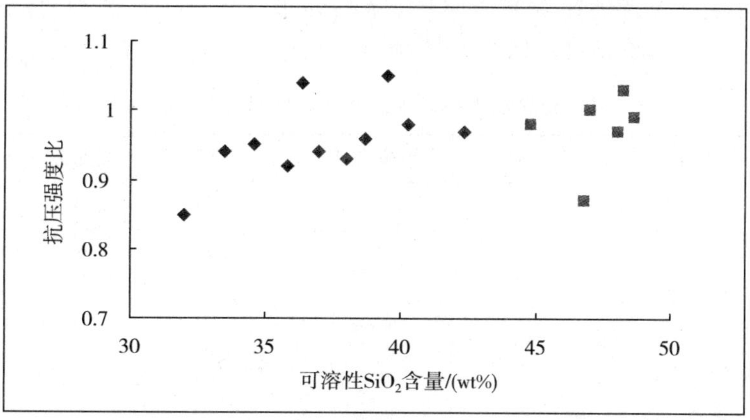

图 2-4　细度对粉煤灰作为混凝土掺合料品质的影响

Berry 等[2](1989)研究了粉煤灰中不同粒径颗粒对砂浆强度的贡献，见表 2-11。

表 2-11　粉煤灰中不同粒径颗粒对砂浆强度的贡献

类型	粉煤灰参量(%)	水胶比	抗压强度(MPa)					
			1d	3d	7d	28d	56d	90d
硅酸盐水泥	0	0.484	17.8		31.7	38	40	46.1
原状粉煤灰	15	0.488	10	20	25.5	34.2	36.9	44.9
原状粉煤灰	30	0.489	8.8	17.1	20.1	29.3	34.8	42.3
<45μm 粉煤灰	15	0.479	13.6	23.7	26.4	37.9	39.9	46.3
<45μm 粉煤灰	30	0.475	9.9	16.9	20.3	34	41	46.8
<10μm 粉煤灰	15	0.486	15.1	22.5	28.9	41.7	48.8	50.1

（续表）

类型	粉煤灰参量(%)	水胶比	抗压强度(MPa)					
			1d	3d	7d	28d	56d	90d
<10μm 粉煤灰	30	0.477	11.3	20.8	24	35.4	49.6	51.4
10μm<粒径<45μm	15	0.484	11.9	20.1	24	32.4	39.8	41.9
10μm<粒径<46μm	30	0.474	8.4	15.7	16.7	25.9	32.5	36.4

试验结果显示，粉煤灰中粒径小于 10μm 的颗粒对强度的贡献在 28d 时就可以超过水泥。同样说明粉煤灰越细，活性就越高。

③ CaO 含量的影响

水泥与粉煤灰发生物理化学反应后，形成多种形式的 CSH、钙矾石、C_4ASH_{12} 以及 $Ca(OH)_2$ 等生成物。它们结合的水分为非蒸发水，只有通过从 105℃ 干燥至 1050℃ 才可以获得。显然，非蒸发水量越高，表明水化程度越高。Diamond 等(1981)测定了水泥浆以及掺加不同种类粉煤灰的水泥浆非蒸发水的含量。试验结果如表 2－12 所示，其中 A,B,C 三种粉煤灰为高钙粉煤灰，CaO 含量均超过 30%，D，E 两种粉煤灰为低钙灰，CaO 含量均低于 4%，粉煤灰取代 30%水泥。

表 2－12　粉煤灰类型对水泥浆非蒸发水含量(%)的影响

龄期	纯水泥	粉煤灰 A	粉煤灰 B	粉煤灰 C	粉煤灰 D	粉煤灰 E
1h	8.4	7.2	6.5	8.0	3.1	4.2
6h	7.4	6.0	6.0	8.3	3.5	4.3
14h	9.0	7.9	6.8	8.1	5.2	6.6
24h	9.9	9.4	8.1	8.6	6.0	7.4
7d	12.7	11.8	9.7	9.5	8.2	8.8
28d	13.1	12.1	11.4	11.0	11.2	10.8
90d	15.4	15.6	14.5	13.4	12.5	13.0
180d	17.0	16.8	15.4	14.8	14.2	14.2

试验结果表明，高钙粉煤灰明显有利于水泥的水化，或者本身的水化程度比低钙粉煤灰高，而低钙粉煤灰延缓了水泥的水化。因为如果假定粉煤灰为惰性材料，根据取代水泥的比例，其非蒸发水量明显低于水泥部分应结合的水分。

④ 烧失量

海排灰中的残留碳分通常采用烧失量来表示。但烧失量与残留碳分之间存在一定的差异。海排灰中一些化合物会因加热而分解、挥发，因此烧失量通常大于海排灰中的残留碳分；而某些铁含量高的粉煤灰却因高温下粉煤灰中 Fe_3O_4 氧化成 Fe_2O_3 而使重量增加，故烧失量可能低于粉煤灰的残留碳分。但因为粉煤灰烧失量的绝大部分来源于残留碳分，因此认为海排灰烧失量的高低能够反映残留碳分的大小。

实际上，对某一种具体海排灰如果用某几种参数来准确表示海排灰的火山灰活性是比较困难的，因为不同海排灰中，不同因素对其活性的贡献是不同的。总的来说，海排灰越细，烧失量越低，玻璃体含量越高，粉煤灰的火山灰活性也越高。

(2)水泥、石灰的品质

除了上述海排灰自身品质对最优比例的影响外，水泥、石灰品质对海排灰火山灰反应的影响及海排灰品质对水泥、石灰水化的影响也会影响它们之间的最优关系。

水泥的物理性质即如细度，凝结时间，安定性和强度，有害化学成分即氧化镁含量、三氧化硫含量、烧失量及不溶物等的差异，既会影响水泥的水化，又会影响海排灰的火山灰反应，从而影响两者的最优比例。

石灰的质量等级是其主要的技术指标，尽可能地选用等级较高的石灰。因为一是相同剂量下，等级高的石灰有更多的活性氧化物，稳定效果更好；二是石灰等级愈高，其细度愈大，表面积就越大，与海排灰作用就越充分，稳定效果就越好；三是在满足一定活性氧化物的前提下，可以减少石灰用量，提高水泥石灰粉煤灰稳定碎石抗干缩能力，减少干缩裂缝。

石灰是水泥石灰海排灰稳定碎石形成强度的主要活性物质，所用石灰一定要质量稳定。水泥石灰粉煤灰稳定碎石所用石灰应充分消解，若不能消解透其作用就发挥不出来，水泥石灰海排灰稳定碎石碾压成型后，石灰继续消解膨胀，基层面会出现“蘑菇”状，欠火石灰由于它消解时间长，要充分消解需半个月。消解好的石灰应尽快使用，避免长时间露天堆放。消石灰露天堆放石灰中的 $Ca(OH)_2$ 与空气中的 CO_2 作用生成 $CaCO_3$，此反应随时在进行，特别是在夏天，石灰中的有效钙随时间的增长而迅速降低。

2. 结合料之间比例的确定

为了确定各结合料之间的大致比例，这里摘引了一组水泥稳定碎石、石灰粉煤灰稳定碎石的力学特性指标与龄期的关系数据(表 2-13、表 2-14)[2]。

表 2-13　水泥稳定碎石的力学特性指标与龄期关系

力学参数	28d	90d	180d	28d/180d	90d/180d
R(MPa)	4.49	5.57	6.33	0.71	0.88
E_p(MPa)	2093	3097	3872	0.54	0.8
σ_{sp}(MPa)	0.413	0.634	0.813	0.51	0.78
E_{sp}(MPa)	533	926	1287	0.41	0.72

表 2-14　石灰粉煤灰稳定碎石的力学特性指标与龄期关系

力学参数	28d	90d	180d	28d/180d	90d/180d
R(MPa)	3.10	5.75	8.36	0.37	0.69
E_p(MPa)	1086	1993	2859	0.38	0.7
σ_{sp}(MPa)	0.219	0.536	0.913	0.41	0.59
E_{sp}(MPa)	359	960	1720	0.37	0.56

由表 2－13 可知，水泥稳定碎石 90d 龄期的抗压强度接近达到 180d 龄期的 90%，90d 龄期的劈裂强度接近达到 180d 龄期的 80%，因此水泥稳定碎石 90d 龄期以后的抗压强度和劈裂强度增长空间不大，其实这正是水泥稳定类材料的设计龄期规定为 90d 的原因。

由表 2－14 可知，石灰粉煤灰稳定碎石 90d 龄期的抗压强度接近达到 180d 龄期 70%，90d 龄期的劈裂强度接近达到 180d 龄期的 60%，因此石灰粉煤灰稳定碎石 90d 龄期以后抗压强度和劈裂强度仍有很大的增长空间，这正是石灰粉煤灰稳定类材料的设计龄期规定为 180d 而非 90d 的原因。

上面的分析表明，到达 90d 龄期时，水泥对水泥粉煤灰稳定碎石混合料强度增长的贡献可能已经基本结束，90d 龄期以后的强度增长主要源于水泥的水化产物之一 CH（$Ca(OH)_2$）与粉煤灰间的火山灰反应。因此，水泥粉煤灰稳定碎石混合料 90d 和 180d 龄期的力学强度指标比值 180d/90d 越大，即 90d～180d 期间混合料强度指标的拓展空间越大，则 CH 消耗越多，水泥的化学潜能挖掘得越充分。鉴于此[2]，计算水泥粉煤灰稳定碎石的力学特性指标与龄期的关系如表 2－15 所示。

表 2－15　水泥粉煤灰稳定碎石的力学特性指标与龄期关系

力学参数(MPa)	28d	90d	180d	180d/28d	180d/90d
R(3∶12∶85)	3.63	5.7	7.29	2	1.28
σ_{sp}(3∶12∶85)	0.2	0.34	0.54	2.7	1.59
E_p(3∶12∶85)	558	744	1041	1.94	1.4
R(5∶10∶85)	5.78	8.95	11.21	1.94	1.25
σ_{sp}(5∶10∶85)	0.41	0.7	1.09	2.66	1.56
E_p(5∶10∶85)	714	1028	1404	1.97	1.37
R(7∶8∶85)	7.91	9.69	11.47	1.45	1.18
σ_{sp}(7∶8∶85)	0.71	1.05	1.32	1.86	1.26
E_p(7∶8∶85)	1029	1098	1463	1.42	1.33
R(9∶6∶85)	9.69	11.88	13.77	1.42	1.16
σ_{sp}(9∶6∶85)	1	1.27	1.33	1.33	1.05
E_p(9∶6∶85)	1326	1485	1904	1.44	1.28

注 1：R(3∶12∶85)—水泥∶粉煤灰∶碎石为 3∶12∶85 时的抗压强度；
σ_{sp}(3∶12∶85)—水泥∶粉煤灰∶碎石为 3∶12∶85 时的劈裂强度；
E_p(3∶12∶85)—水泥∶粉煤灰∶碎石为 3∶12∶85 时的抗压回弹模量；
其余类推。

将不同混合料的强度指标比值（180d/28d）和（180d/90d）随水泥与粉煤灰的比例变化而变化的规律绘制如图 2－5。

当水泥与粉煤灰的比值大于 1∶2 时（即图 2－5 中水泥剂量大于 5%的部分），力学特性指标（180d/28d）和（180d/90d）明显降低。原因分析：当水泥与粉煤灰的比值大于 1

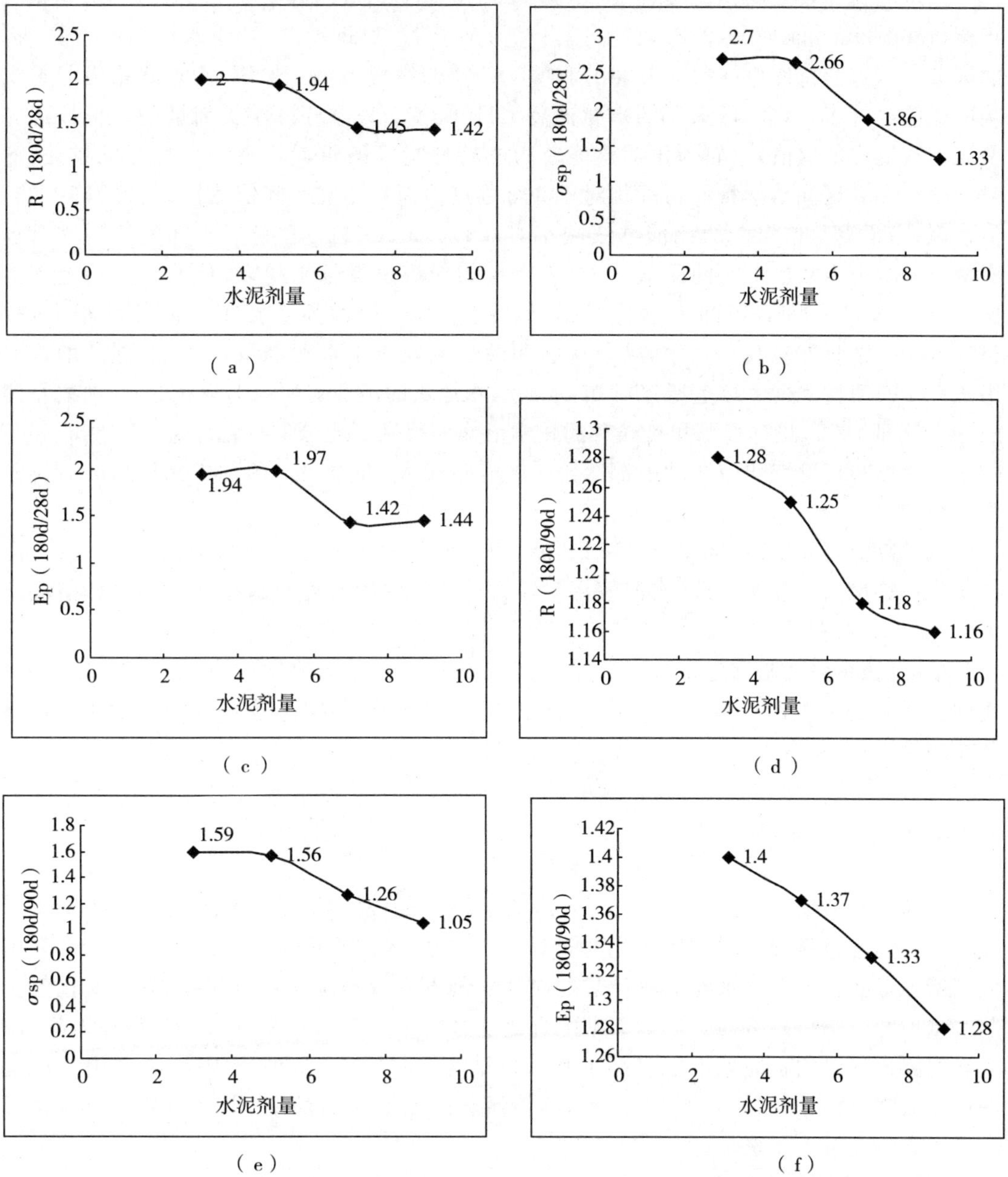

图 2－5　180d/28d 和 180d/90d 随水泥粉煤灰比例变化的规律

：2 并向图 2－5 的右侧变化时，水泥的水化产物 CH（$Ca(OH)_2$）越来越多，而粉煤灰剂量却越来越小，虽然粉煤灰反应得比较充分，但未反应的 CH（$Ca(OH)_2$）量越来越多，两者的比例逐渐远离完全火山灰反应时的比值，90d～180d 区间力学特性指标相对于 90d 以前而言拓展空间越来越小，故 180d/90d 值明显降低。在这一范围，水泥的水化反应和粉煤灰的火山灰反应均比较充分，粉煤灰的化学潜能对强度的贡献得到了充分的挖掘，但 CH（$Ca(OH)_2$）有剩余。

当水泥与粉煤灰的比值接近1∶2(即图2-5水泥剂量约等于5%的部分),力学特性指标(180d/28d)和(180d/90d)较高,而当比值小于1∶2(即图2-5中水泥剂量小于5%的部分)时,力学特性指标(180d/28d)和(180d/90d)缓慢增加。原因分析:当水泥与粉煤灰的比值约等于1∶2时,水泥的水化产物CH($Ca(OH)_2$)与粉煤灰剂量的比例接近完全火山灰反应的比值,它们的化学效能对力学特性指标的贡献均得到了充分的挖掘,此时90d～180d区间力学特性指标相对于90d强度值而言拓展空间依然很大,故180d/90d值较高;当水泥与粉煤灰的比值继续减小时,CH($Ca(OH)_2$)和粉煤灰间的比例逐渐远离两者完全火山灰反应时的比值,虽然未反应的粉煤灰量越来越多,但CH的消耗依然比较充分,90d～180d区间力学特性指标相对于90d以前而言拓展空间依然很大,故(180d/90d)值仍然较高。总之,混合料前期的强度取决于水泥剂量,后期的强度增幅取决于CH的消耗程度。综上所述可知,水泥与粉煤灰的最优比例应对应图2-5曲线左侧的拐点处即1∶2,此时水泥和粉煤灰的化学潜能均得到了充分的挖掘。鉴于(180d/28d)随水泥粉煤灰比例变化而波动的幅度比(180d/90d)大,衡量比例的优劣采用(180d/28d)更为合理。

通过以上研究成果,水泥海排灰结合料中水泥与粉煤灰比例最佳值为1∶2,由于海排灰基本特性与粉煤灰一致,水泥海排灰碎石混合料中的水泥与海排灰比例最佳值应该大致为1∶2左右。

根据《公路路面基层施工技术规范》,建议石灰与粉煤灰的比例应该在1∶2～1∶4之间。考虑到用于底基层,从经济角度,这里把水泥当石灰考虑,选用水泥+石灰∶粉煤灰比例为1∶4左右。

2.3.2 基层材料的结合料与集料之间最优比例研究

当结合料与集料的比例发生变化时,混合料的组成结构及路用性能将随之发生变化。在研究结合料与集料比例变化的同时,结合料中水泥与海排灰的组成比例可以采用以下两种形式:(1)保持水泥与海排灰的最佳比例不变;(2)水泥剂量保持不变,变化海排灰剂量。对于第(1)种形式,显然不同配合比混合料的结合料化学反应产物存在差异,因此它们路用性能的不同就不仅仅源于其组成结构。对于第(2)种形式,因为火山灰反应的速度非常缓慢,所以如果混合料路用性能试验龄期选用短龄期,则火山灰反应对路用性能的影响就可以忽略不计[2]。

1. 结合料与集料最佳比例的计算方法

如果水泥海排灰结合料以最佳密实状态填充集料的剩余空隙,则两者之间形成最优比例。这里不妨先固定水泥海排灰碎石中水泥比例为5%。可以按照以下步骤进行(水泥∶海排灰∶集料=5∶x∶95－x,集料级配采用连续级配范围中值):

(1)试验测得集料的松散堆积密度ρ_c＝2.22g/cm^3;

(2)分别试验测得中粗集料(＞4.75mm)、细集料(4.75～0.075mm)和粉料(＜0.075mm)的相对密度:ρ_1＝2.56g/cm^3,ρ_2＝2.49g/cm^3,ρ_3＝2.32g/cm^3;

(3)计算集料的合成密度ρ(g/cm^3)

$$\rho=\frac{100}{\frac{A_1}{\rho_1}+\frac{A_2}{\rho_2}+\frac{A_3}{\rho_3}} \tag{2-10}$$

$$=\frac{100}{\frac{56}{2.66}+\frac{38}{2.59}+\frac{6}{2.42}}$$

$$=2.62\text{g/cm}^3$$

其中，A_1，A_2，A_3 分别是中粗集料、细集料和粉料的重量百分率(%)，且 $A_1+A_2+A_3=100\%$；

(4)计算集料占混合料的体积率 $V(\%)$，$V=\frac{\rho_c}{\rho}\times100\%=2.22/2.62=84.7\%$；

(5)海排灰剂量与结合料最大干密度计算

假设水泥∶海排灰∶集料＝5∶x∶$95-x$，结合料的最大干密度为 γ，如果结合料以最佳密实状态填充集料的剩余空隙，则 x 和 γ 应满足下式：

$$\frac{5+x}{95-x}=\frac{\gamma(1-V)}{\rho_c}$$

由以上公式可计算出如表 2-16 所示的 x 和 γ 的对应值：

表 2-16　x 与 γ 对应值计算表

海排灰剂量	水泥∶海排灰	结合料最大干密度 γ 的计算值(g/cm)
$x=0$	5∶0	0.681
$x=1$	5∶1	0.826
$x=2$	5∶2	0.975
$x=3$	5∶3	1.126
$x=4$	5∶4	1.281
$x=5$	5∶5	1.439
$x=6$	5∶6	1.6
$x=7$	5∶7	1.766
$x=8$	5∶8	1.935
$x=9$	5∶9	2.108
$x=10$	5∶10	2.285
$x=11$	5∶11	2.466
$x=12$	5∶12	2.652
$x=13$	5∶13	2.842
$x=14$	5∶14	3.037
$x=15$	5∶15	3.237

(6)由传统击实法确定不同 x 值时结合料的最大干密度，最后发现当 $x=10$ 时，试验

结果为 $\gamma=2.247g/cm^3$，与计算值最为接近。说明混合料中海排灰比例占 10%，碎石占 85%时，混合料最为密实。所以集料的最佳含量应为 85%左右[78]。

2. 结合料与集料最佳比例的试验方法

水泥、海排灰结合料以及集料中小于 4.75mm 的颗粒组成可以被称为混合料中的黏结性基体。只有具有足够的基体材料以密实填充粗集料的间隙，才可能达到高的压实密度，后者对于混合料的强度和耐久性十分重要。

在集料级配一定的情况下，当结合料剂量过大，使集料悬浮在其中形成悬浮-密实结构时，混合料最大干密度会减少；当结合料剂量过小不足以填充集料间隙而形成骨架-空隙结构时，混合料最大干密度也会减少；只有当结合料剂量为恰好填满集料间隙而形成骨架-密实结构时，混合料最大干密度才会达到峰值。鉴于以上原因，进行了几种不同结合料含量时混合料的含水量-干密度击实试验，从而得到混合料最大干密度与水泥、海排灰结合料含量的关系（表 2-17、图 2-6），其中，集料级配采用水泥海排灰稳定碎石连续级配范围中值。

表 2-17 不同结合料含量时的最佳含水量、最大干密度试验结果

混合料配合比 水泥:海排灰:集料	结合料剂量(%)	最佳含水量 W(%)	最大干密度(g/cm^3)
5 : 5 : 90	10	5.21	2.196
5 : 10 : 85	15	5.42	2.247
5 : 15 : 80	20	6.05	2.208
5 : 20 : 75	25	6.22	2.13

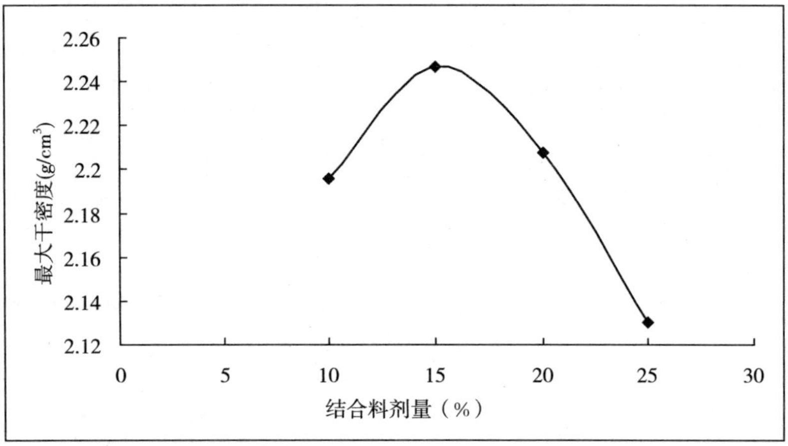

图 2-6 混合料的最大干密度随结合料含量的变化规律

由图 2-6 可以看出，当结合料剂量约为 15%时，混合料最大干密度达到峰值，可以认为此时粗集料中的空隙被结合料和小于 4.75mm 的细集料恰好填满。通过本试验可以确定集料最佳范围在 85%左右。

2.3.3　基层及底基层混合料配合比试验

1. 基层材料混合料配合比试验

通过以上两节分析，知道水泥海排灰碎石混合料中，结合料的大致比例在15%左右，碎石集料大致比例在85%左右，海排灰含量大致10%左右。知道这些范围之后，就可以拟定各材料的配合比，利用抗压强度性能指标进行配合比试验。这里考虑到海排灰颗粒较粗，碎石集料采用85%和80%两种；水泥比例按照4%，5%，6%变化。

(1)试验条件

① 配合比：集料级配采用连续级配范围中值，混合料配合比共6种，水泥：海排灰：碎石＝(4：16：80)，(5：15：80)，(6：14：80)，(4：11：85)，(5：10：85)，(6：9：85)。

② 试件尺寸和龄期：尺寸为15cm×15cm圆柱试件，龄期为7d，28d。

(2)最佳含水量和最大干密度试验

对拟定的各种不同配合比的基层和底基层材料采用重型击实试验，建立干密度与含水量的关系曲线，得出混合料最佳含水量与最大干密度。试验结果见表2-18[80]。

表2-18　水泥海排灰碎石最佳含水量与最大干密度一览表

配合比(水泥：粉煤灰：碎石)	粉煤灰种类	最大干密度(g/cm^3)	最佳含水量(%)
(4：16：80)	海排灰	2.19	5.70
(5：15：80)	海排灰	2.20	5.70
(6：14：80)	海排灰	2.20	5.90
(4：11：85)	海排灰	2.23	4.60
(5：10：85)	海排灰	2.24	5.60
(6：9：85)	海排灰	2.24	4.70

(3)无侧限强度试验

对每种配合比的混合料，按最佳含水量和最大干密度要求制作试件，在温度为20℃±2℃，相对湿度为90%的标准养生室内养生后，进行7d和28d浸水无侧限抗压强度试验。通过7d和28d无侧限抗压强度试验对拟定的配合比进行分析比较，进而给出试验路推荐配合比，试验结果见图2-7。

依据《公路沥青路面设计规范》关于水泥粉煤灰碎石基层材料7d无侧限强度推荐要求为1.5～3.5MPa，为了有一定安全储备，选择的最佳配合比应该接近上限3.5MPa最好。图2-7表明，当配合比水泥：海排灰：碎石＝4：16：80时，即水泥含量为4%时，混合料的7d无侧限强度不能满足规范的要求，其他配合比都能满足强度要求，但当配合比水泥：海排灰：碎石＝6：9：85时，7d强度超过3.5MPa，不宜采用。从图中综合比较发现，配合比水泥：海排灰：碎石＝5：10：85时，7d强度为2.85MPa，与规范规定的上限3.5MPa最为接近。结合前两小节的研究成果，本研究推荐海排灰做水泥海排灰基层，最佳配合比为水泥：海排灰：碎石＝5：10：85[78][79][80]。

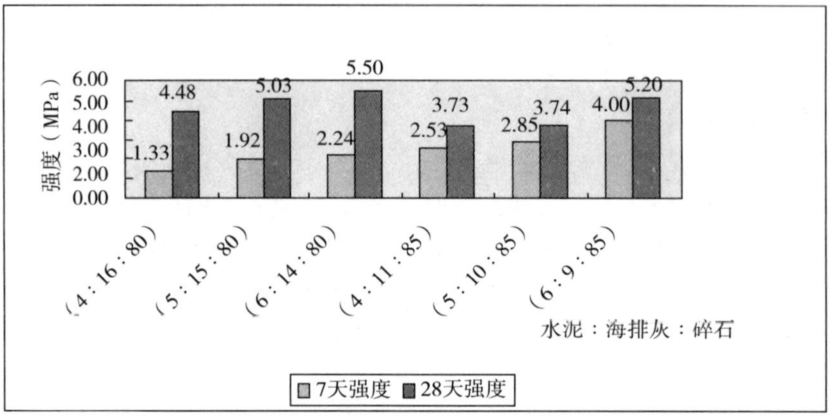

图 2－7　海排灰不同配合比 7d 和 28d 无侧限抗压强度对比

2. 底基层材料混合料配合比试验

本书采用悬浮密实型水泥石灰海排灰碎石作为底基层材料，其强度主要来自粘结料，粘结料强度越高则混合料强度亦越高；而粘结料强度主要来自水泥、海排灰和石灰三者水化产生的凝胶物，三者的比例将影响凝胶物的数量，从而影响混合料的强度，此外还将影响混合料的施工操作性和经济性，过高的水泥比例强度虽高但不经济，水泥比例太低则施工中拌和不易均匀，从而使水泥失去意义，经济、技术性均不好。考虑到上述因素以及前面两小节分析结果，本书确定了混合料中石灰、海排灰、碎石的比例范围。选定水泥含量不变，石灰含量 8％～10％，海排灰含量 30％～50％，碎石集料含量 40％～60％。

（1）试验条件

① 配合比：三灰碎石选择了五种配合比，分别为水泥：石灰：海排灰：碎石为（2：8：50：40），（2：8：45：45），（2：8：40：50），（2：8：30：60），（2：10：43：45）。

② 试件尺寸和龄期：尺寸为 15cm×15cm 圆柱试件，龄期为 7d，28d。

（2）最佳含水量和最大干密度试验

本书试验按照《公路工程无机结合料稳定材料试验规程》中的丙法进行击实试验，混合料配合比及试件成型参数见表 2－19。

表 2－19　水泥石灰海排灰碎石配合比及试件成型参数

混合料	配合比	最大干密度（g/cm^3）	最佳含水量（％）
水泥：石灰：海排灰：碎石	2：8：50：40	1.769	12.03
	2：8：45：45	1.771	11.81
	2：8：40：50	1.799	10.98
	2：8：30：60	1.959	9.17
	2：10：43：45	1.775	12.08

(3)7d 无侧限强度试验

对不同配合比和不同类海排灰的混合料同时进行了 7d 无侧限抗压强度试验，试验结果见表 2-20。

表 2-20　三灰碎石 7d 无侧限抗压强度一览表

配合比(水泥：石灰：粉煤灰：碎石)	粉煤灰种类	强度平均值(MPa)	强度代表值(MPa)
(2：8：50：40)	海排灰	0.9	0.75
(2：8：50：40)	普通粉煤灰	0.8	0.64
(2：8：45：45)	海排灰	1.1	0.88
(2：8：40：50)	海排灰	0.9	0.72
(2：8：30：60)	海排灰	1	0.79
(2：10：43：45)	海排灰	0.9	0.79

《粉煤灰石灰类道路基层施工及验收规程》规定城市干线道路的石灰粉煤灰稳定碎底基层材料 7d 无侧限强度要求不小于 0.6MPa。表 2-20 表明，三灰碎石材料拟定的配合比 7d 无侧限强度都能满足规范要求。

(4)28d 无侧限强度试验

在 7d 无侧限强度的基础之上，三灰碎石材料选择了三种配合比做 28d 强度，其水泥：石灰：海排灰：碎石=(2：8：50：40)，(2：8：30：60)，(2：10：43：45)，并当碎石含量为 40%时，也采用标准海排灰做平行试验，作为与采用第二类海排灰的混合料的对比。试验结果见表 2-21。

表 2-21　三灰碎石 28d 无侧限抗压强度一览表

配合比(水泥：石灰：粉煤灰：碎石)	粉煤灰种类	强度平均值(MPa)	强度代表值(MPa)
(2：8：50：40)	海排灰	2.0	1.82
(2：8：50：40)	普通粉煤灰	3.0	2.48
(2：8：30：60)	海排灰	2.2	1.96
(2：10：43：45)	海排灰	2.24	1.9

《粉煤灰石灰类道路基层施工及验收规程》规定城市干线道路的石灰粉煤灰稳定碎材料 28d 无侧限强度要求不小于 1.75MPa。表 2-21 表明，三灰碎石所选的配合比作为底基层材料，28d 无侧限抗压强度均能满足规范要求；另外，当混合料中采用普通粉煤灰时，强度也满足规范要求，并且强度值高于采用第二类海排灰的强度值。为了确定三灰碎石的最佳配合比，必须把其 7d 和 28d 强度放在一起综合比较，见图 2-8。

图 2-8 表明，三种海排灰混合料的配合比强度都满足规范要求，水泥：石灰：海排灰：碎石为 2：8：30：60 一组碎石含量很高，但强度并没有增加太多，不经济；水泥：石灰：海排灰：碎石为 2：8：50：40 一组碎石含量不高，但水泥+石灰：海排灰为 1：4，已经超过《公路路面基层施工技术规范》规定的上限，火山灰反应不充分，后期强度增长缓慢，也不宜采用。所以本课题利用鲅鱼圈海排灰做三灰底基层推荐的配合比为水泥：石灰：海排灰：碎石为 2：10：43：45。

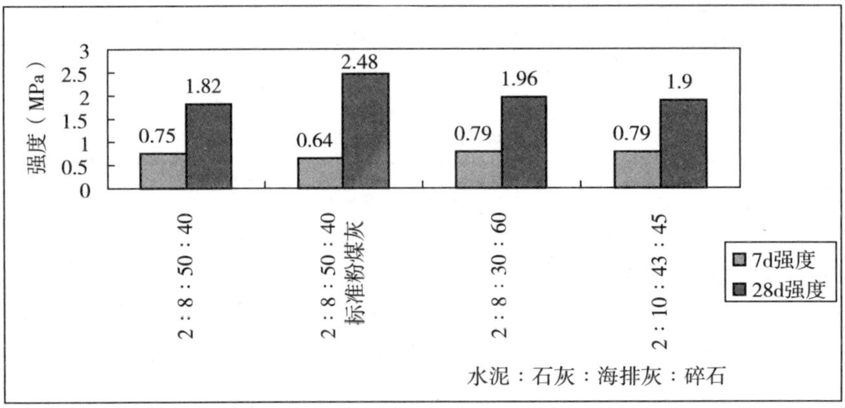

图 2-8　三灰碎石不同配合比 7d 和 28d 无侧限抗压强度对比

用普通粉煤灰与海排灰作对比试验,海排灰的三灰碎石 7d 强度比普通粉煤灰的三灰碎石强度高,这说明海排灰比普通粉煤灰更能满足施工强度要求。但海排灰的三灰碎石 28 天强度比普通粉煤灰的三灰碎石强度低,这是因为鲅鱼圈电厂的海排灰粗颗粒较多,形成三灰碎石结构时,早期嵌挤效果较好,强度较高,但粗海排灰活性低,基层结构强度增长缓慢。因此还需要研究海排灰的长期路用性能。

2.4　基于海排灰的水泥海排灰碎石及三灰碎石混合料路用性能研究

根据上节研究结果,本节用水泥∶海排灰∶碎石=5∶10∶85 的配合比做水泥海排灰稳定碎石基层材料各项路用性能试验;用水泥∶石灰∶海排灰∶碎石=2∶10∶43∶45 的配合比做三灰底基层材料各项路用性能试验。试验内容为无侧限抗压强度试验、劈裂试验和弹性模量试验。

2.4.1　无侧限抗压强度试验

试件成型方法与养生条件与配合比试件时相同。试验龄期分别为 7d,28d,60d,90d,180d 试验结果见表 2-22 和图 2-9。

表 2-22　水泥海排灰稳定碎石混合料及三灰碎石混合料各龄期无侧限抗压强度

配合比	龄期	7d	28d	60d	90d	180d
水泥∶海排灰∶碎石 (5∶10∶85)	强度值(MPa)	2.85	3.74	4.86	5.67	6.34
水泥∶石灰∶粉煤灰∶碎石 (2∶10∶43∶45)	强度值(MPa)	0.79	1.9	2.5	3.0	5.2

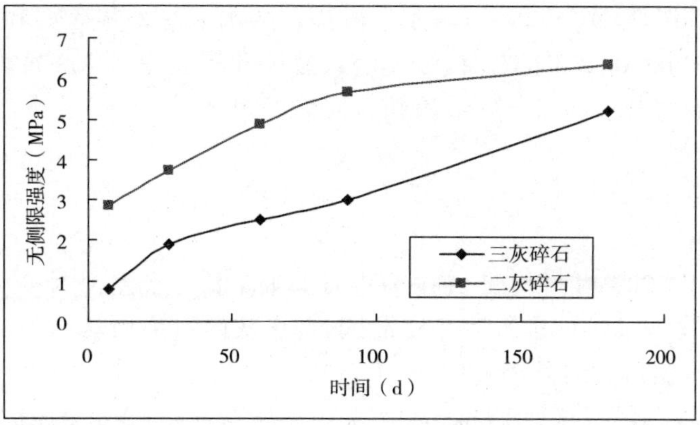

图 2-9 水泥海排灰稳定碎石混合料及三灰碎石混合料无侧限抗压强度随龄期变化曲线

由表 2-22 和图 2-9 可以看出，基于海排灰的水泥海排灰碎石早期强度增长较快，当达到 80d 左右时，强度增长速度开始缓慢；基于海排灰的三灰碎石早期强度增长缓慢，当达到 30d 左右时，强度增长速度开始加快。从强度增长趋势来看，水泥海排灰稳定碎石混合料和三灰碎石后期强度接近。

2.4.2 劈裂强度试验

本文采用龄期为 7d，28d，120d 试件进行劈裂试验，试验结果见表 2-23 和图 2-10。

表 2-23 水泥海排灰稳定碎石混合料及三灰碎石各龄期劈裂强度

配合比	龄期	7d	28d	120d
水泥：海排灰：碎石 （5：10：85）	强度值(MPa)	0.23	0.51	0.96
水泥：石灰：粉煤灰：碎石 （2：10：43：45）	强度值(MPa)	0.15	0.44	0.8

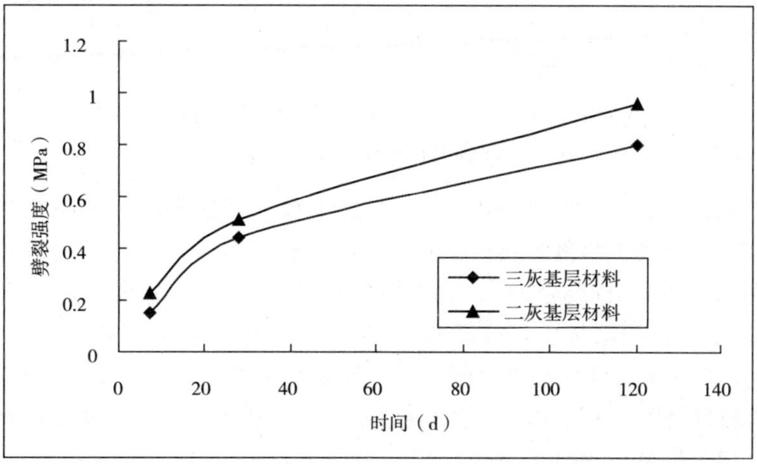

图 2-10 水泥海排灰稳定碎石混合料及三灰碎石混合料劈裂强度随龄期变化曲线

由表 2-23 和图 2-10 可以看出，基于海排灰的水泥海排灰碎石和三灰碎石早期劈裂强度增长较快，当达到 30d 左右时，强度增长速度开始缓慢。从强度增长趋势来看，水泥海排灰稳定碎石混合料和三灰碎石后期劈裂强度相差不大。

2.4.3 回弹模量试验

由于一般采用 180d 回弹模量值作为设计指标，本书水泥海排灰碎石采用龄期为 14d,28d,60d,90d,180d 试件进行回弹模量试验，三灰碎石采用龄期为 28d,90d,180d 试件进行回弹模量试验试验结果，见表 2-24 和图 2-11。

表 2-24 水泥海排灰稳定碎石混合料及三灰碎石各龄期回弹模量

配合比	龄期	14d	28d	60d	90d	180d
水泥∶海排灰∶碎石 (5∶10∶85)	回弹模量值 (MPa)	824	1069	1256	1420	1917
水泥∶石灰∶粉煤灰∶碎石 (2∶10∶43∶45)	回弹模量值 (MPa)	—	800	—	1180	1540

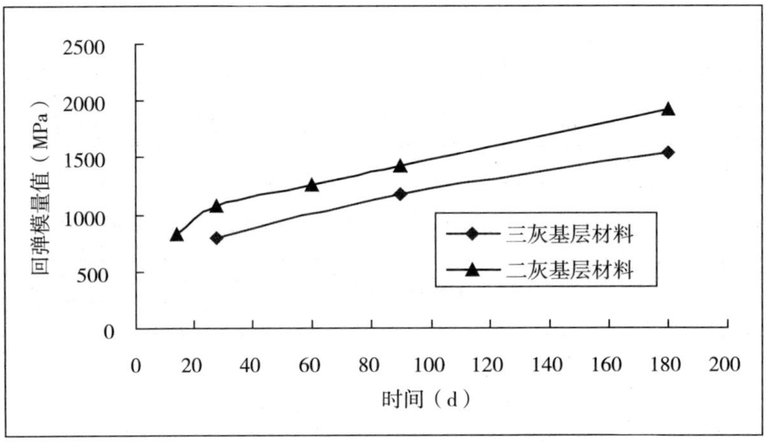

图 2-11 水泥海排灰稳定碎石混合料及三灰碎石混合料回弹模量随龄期变化曲线

由表 2-24 和图 2-11 可以看出，基于海排灰水泥海排灰碎石和三灰碎石的回弹模量在 180d 龄期内，基本上呈线性变化，并且回弹模量值增长较快。从回弹模量增长趋势来看，水泥海排灰稳定碎石混合料和三灰碎石后期回弹模量还要增长，且变化趋于一致。

总之，从长期的无侧限抗压强度试验、劈裂试验和弹性模量试验等方面看，基于海排灰的水泥海排灰碎石和三灰碎石混合料的长期路用性能，与文献[2]中列举的常规水泥粉煤灰稳定碎石混合料、三灰碎石混合料的路用性能基本一致，说明海排灰用于道路基层及底基层的耐久性可以得到保证。

2.5　本章小结

(1)本章通过对原材料的物理力学性质试验，确定了海排灰、水泥、石灰的物理力学性质。鲅鱼圈海排灰各样本的化学有效成分 $SiO_2+Al_2O_3$ 含量都大于 76%，烧失量最大为 3.16%，满足《粉煤灰石灰类道路基层施工及验收规程》要求。经过筛分试验发现海排灰粒度偏粗，不满足该规程规定，属于低活性粉煤灰。根据化学分析，海排灰的氯离子含量一般为 0.80%左右。

(2)本章以抗压强度为控制指标，采用连续级配的理论计算方法——最大密度曲线 n 法，对水泥海排灰稳定碎石材料集料的级配进行了研究。通过计算分析和强度试验最终确定水泥海排灰稳定碎石基层的集料级配范围，见图 2-2。

(3)从海排灰、水泥、石灰的品质入手，对水泥、石灰与海排灰最优比例的影响因素进行分析，并通过试验确定了水泥海排灰稳定碎石混合料中水泥、海排灰的最佳比例和三灰中水泥、石灰、海排灰的最佳比例。根据配合比试验，本研究确定，采用鲅鱼圈海排灰做水泥海排灰稳定碎石混合料基层，最佳配合比为水泥∶海排灰∶碎石=5∶10∶85；采用鲅鱼圈海排灰做三灰底基层的配合比为水泥∶石灰∶海排灰∶碎石为 2∶10∶43∶45。

(4)通过基于海排灰的水泥海排灰碎石和三灰碎石混合料的路用性能试验，得到如下规律：①水泥海排灰碎石早期强度增长较快，当达到 80d 左右时，强度增长速度开始缓慢；基于海排灰的三灰碎石早期强度增长缓慢，当达到 30d 左右时，强度增长速度开始加快。从强度增长趋势来看，水泥海排灰稳定碎石混合料和三灰碎石后期强度接近。②基于海排灰的水泥海排灰碎石和三灰碎石早期劈裂强度增长较快，当达到 30d 左右时，劈裂强度增长速度开始缓慢。从劈裂强度增长趋势来看，水泥海排灰稳定碎石混合料和三灰碎石后期劈裂强度相差不大。③基于海排灰水泥海排灰碎石和三灰碎石的回弹模量在 180d 龄期内，基本上呈线性变化，并且回弹模量值增长较快。从回弹模量增长趋势来看，水泥海排灰稳定碎石混合料和三灰碎石后期回弹模量还要增长，且变化趋于一致。

(5)通过普通粉煤灰与海排灰作平行对比试验，海排灰的水泥海排灰碎石、三灰碎石混合料 7d 强度比普通粉煤灰的水泥粉煤灰碎石、三灰碎石混合料强度高，这说明海排灰比普通粉煤灰更容易满足施工强度要求。通过长期路用性能试验发现，基于海排灰的水泥海排灰碎石、三灰碎石混合料的路用性能各指标与《公路沥青路面设计规范》里关于水泥海排灰碎石、三灰碎石路用性能的推荐值基本一致。说明海排灰可以用于道路基层及底基层建设。

第三章　海排灰与结合料化学反应机理研究

本书应用海排灰作为水泥海排灰碎石基层材料和三灰碎石底基层材料。其混合料的各种路用性能与其内部结构组成机制有关。海排灰稳定碎石材料的组成结构机理应该从两方面进行分析，一方面是反映混合料中以粗集料间相互关系为对象的宏观结构；另一方面是反映混合料内各种组成材料相互联系与作用的微观构造。海排灰与结合料的化学反应首先表现为粉煤灰与结合料的水化和火山灰反应，同时海排灰中的氯盐参与到结合料的反应当中，形成少数新的晶体，这种新的物质将对水泥海排灰稳定碎石混合料、三灰材料的路用性能产生影响。为了研究这些化学反应，本章通过扫描电子显微镜法(SEM)和能谱分析法(XRD)，分析不同氯盐含量海排灰的水泥海排灰稳定碎石基层材料和三灰底基层材料，在养生3d和28d时，生成产物的变化和微观结构的变化，为海排灰应用于道路基层、底基层提供理论依据。

3.1　海排灰碎石混合料强度形成机理分析

在悬浮密实型的水泥石灰海排灰碎石(三灰碎石)混合料中，颗粒较大的粗集料之间被相互隔开并悬浮在由水泥石灰海排灰、细集料组成的集料中，不能形成有效的嵌挤。硬化后的水泥石灰粉煤灰、细集料组成的混合物占据混合料的大部分体积，混合料的性能较多的受它影响。与之相比，在骨架密实水泥海排灰碎石中大颗粒的石料能够形成互相嵌挤的骨架结构，水泥粉煤灰、细集料则填充在粗集料骨架形成的空隙之中。硬化后的水泥海排灰稳定碎石混合料浆体、细集料混合物在混合料中所占体积较小，且被粗集料形成的空隙分开。粗集料形成骨架结构后，石料之间的相互嵌挤，能够有效提高混合料的内摩擦角，混合料的性能更多的受粗集料骨架作用的影响[1]。

本书提出的骨架密实型的水泥海排灰碎石中，由于水泥、海排灰所占的比例为15%，且海排灰的密度比较小，所占的空间比较大，所以在骨架密实型水泥海排灰碎石混合料中只需少量的细集料即可将剩余的空隙填满。其整体强度由两大部分构成：一是颗粒间的内摩阻力，二是颗粒间的黏结力。内摩阻力除与碎石的几何尺寸，如形状、大小、表面状况等有关外，主要取决于碎石的级配组成。按照最大密度填充理论，最佳级配组成的混合料将获得最大的内摩阻力。不仅如此，最佳级配的水泥海排灰碎石混合料中颗粒接触的点、面相对多时，更有利于内部形成产生黏结力的无定型凝胶结构和纤维晶架结构。

海排灰碎石混合料加水拌合后，通过机械压实，使得集料在混合料中重新紧密排列，使其充分发挥骨架作用。成型初期，可以认为海排灰混合料未发生化学反应，其强度来自密实骨架的内摩阻力，以及颗粒间水膜与相邻颗粒之间的分子引力所形成的“原始凝聚力”，随着时间的推移，混合料内的固液相之间发生一系列物理、物理化学和化学变化，并形成一系列具有胶结作用的物质，使得混合料中颗粒与颗粒之间的连接加固，形成“固化黏结力”，这是海排灰碎石混合料强度形成的主要来源。

3.2　海排灰中粉煤灰与水泥、石灰基结合料的化学反应分析

3.2.1　水泥海排灰碎石基层中水泥粉煤灰化学反应

水泥是粉状的水硬性胶凝材料，即加水拌和成塑性浆体，能在空气中和水中凝结硬化，可将其他材料胶结成整体，并形成坚硬石材的材料。其作用原理是：首先是水泥在水中水化，即水泥中的各种矿物成分遇水后，会很快发生一系列化学反应，生成水化硅酸钙、氢氧化钙、水化铝酸钙、水化铁酸钙及水化硫铝酸钙等新生矿物，使水中氢氧化钙迅速饱和，对混合材料的火山灰性发挥有促进作用；其次是水泥的凝结和硬化，加快了水泥海排灰稳定碎石混合料混合料早期强度的发展；最后在碱性介质中，OH^-离子扩散进入粉煤灰硅铝玻璃体内部，打破 Al－O 键和 Si－O 键网络，降低其聚合度，使正四价硅离子、正三价铝离子成为活性状态，并与 $Ca(OH)_2$ 反应，同时提高液相介质的 pH 值，使液相中溶蚀的硅胶电离度增加。当 pH 值提高时，液相中氢离子浓度降低，平衡向生成硅酸根离子方向移动，从而使水泥在加速水化反应的同时，与粉煤灰发生“二次水化”反应生成水化产物，促进粉煤灰中的活性物质发生火山灰反应。反应生成大量胶凝性物质，生成物相互粘连、交织在一起，形成具有一定强度的致密结构，而且该反应有水分的条件下能够持续进行，其宏观表现就是强度随龄期的增长而增长[2,50]。

1. 水泥水化

在水泥海排灰稳定碎石混合料中，首先发生的是水泥的水化反应，硅酸盐水泥矿物的水化反应方程式大致可如下表述：

(1)硅酸三钙($3CaO \cdot SiO_2$)：在水泥中的含量最高(约占全重的 50%左右)，是决定强度的主要因素。

$$2(3CaO \cdot SiO_2)+6H_2O \rightarrow 3CaO \cdot 2SiO_2 \cdot 3H_2O+3Ca(OH)_2 \qquad (3-1)$$

(2)硅酸二钙($2CaO \cdot SiO_2$)：在水泥中含量较高(占 25%左右)，它主要产生后期强度。

$$2(2CaO \cdot SiO_2)+4H_2O \rightarrow 3CaO \cdot 2SiO_2 \cdot 3H_2O+Ca(OH)_2 \qquad (3-2)$$

(3)铝酸三钙($3CaO \cdot Al_2O_3$)：在水泥中含量占 10%左右，它的水化速度最快，促进

早凝。

$$3CaO \cdot Al_2O_3 + 6H_2O \rightarrow 3CaO \cdot Al_2O_3 \cdot 6H_2O \quad (3-3)$$

(4)铁铝酸四钙($4CaO \cdot Al_2O_3 \cdot Fe_2O_3$):在水泥中含量占10%左右,能促进早期强度。

$$4CaO \cdot Al_2O_3 \cdot Fe_2O_3 + 2Ca(OH)_2 + 10H_2O \rightarrow$$
$$3CaO \cdot Al_2O_3 \cdot 6H_2O + 3CaO \cdot Fe_2O_3 \cdot 6H_2O \quad (3-4)$$

在上述一系列的反应过程中所生成的氢氧化钙、含水硅酸钙能迅速溶于水中,使水泥颗粒表面重新暴露出来,再与水发生反应,这样周围的水溶液就逐渐达到饱和。当溶液达到饱和后,水分子虽然继续深入颗粒内部,但新生物已不能再溶解,只能以细分散状态的胶体析出,悬浮于溶液中,形成胶体。

(5)硫酸钙($CaSO_4$):虽然在水泥中含量仅占3%左右,但它同铝酸三钙一起与水发生反应,生成一种"水泥杆菌"的化合物。

$$3CaSO_4 + 3CaO \cdot Al_2O_3 + 32H_2O \rightarrow 3CaO \cdot Al_2O_3 \cdot 3CaSO_4 \cdot 32H_2O \quad (3-5)$$

由此可以看出,硅酸盐水泥水化后主要有下列的几种水化产物(表3-1)。

表3-1 硅酸盐水泥的水化产物的化学组成

水化产物名称	化学组成	常用缩写
水化硅酸钙	$xCaO \cdot SiO_2 \cdot yH_2O$	C—S—H
氢氧化钙	$Ca(OH)_2$	CH
三硫型水化铝酸钙(钙钒石)	$3CaO \cdot Al_2O_3 \cdot 3CaSO_4 \cdot 32H_2O$	$C_3A_3CS \cdot H_{32}$(或AFt)
单硫型水化铝酸钙(单硫盐)	$3CaO \cdot Al_2O_3 \cdot CaSO_4 \cdot 12H_2O$	$C_3ACS \cdot H_{12}$(或AFm)
三硫型水化铁铝酸钙	$3CaO[(Al_2O_3, Fe_2O_3) \cdot 3CaSO_4 \cdot 32H_2O]$	$C_3(A,F)3CSH_{32}$
单硫型水化铁铝酸钙	$3CaO[(Al_2O_3, Fe_2O_3) \cdot CaSO_4 \cdot 12H_2O]$	$C_3(AF)CSH_{12}$

2. 水泥水化产物与粉煤灰的火山灰反应

水泥的水化产物之一$Ca(OH)_2$将与粉煤灰发生火山灰反应,这正是混合料后期强度不断增长的主要原因,众所周知,粉煤灰的矿相主要是硅酸玻璃体,含量一般大于70%,此外还有少量的石英($\alpha-SiO_2$),莫来石($3Al_2O_3 \cdot 2SiO_2$)等结晶矿物以及未燃尽的碳粒。其中硅铝玻璃体是粉煤灰中具有活力的主要成分。它是由煤粉中的黏土矿物在高温下熔融,在表面张力作用下形成液滴,排出炉外时急速地冷却而成的小球体。

由于混合料的孔隙存在液相介质,所以$Ca(OH)_2$和粉煤灰的主要矿物将分别以一定的浓度溶解在水溶液中。

(1)$Ca(OH)_2$在水溶液中离解生成Ca^{2+}和OH^-:

$$Ca(OH)_2 \Leftrightarrow Ca^{2+} + 2OH^- \quad (3-6)$$

这一过程提高了混合料液相介质的碱性。由于湿度和混合料中含水量的限制,水泥水化产物 CH 不可能完全电离，因此在 $Ca(OH)_2$ 结晶和电离间必须形成一种动态平衡。计算表明，在常温下伴有此动态平衡的过程中，CH 溶液的 pH 值可达到 12.67。

(1)粉煤灰中石英及非晶质氧化硅的溶解在于≡SI—O—SI≡型氧化硅链的解聚和水解，生成≡SI—OH 基团，在形成硅酸单体 $Si(OH)_4$，即：

$$nSiO_2+2nH_2O \Leftrightarrow nSi(OH)_4 \tag{3-7}$$

硅酸在常温下是一种很弱的酸，水中离解成离子的离解度很小。30℃时硅酸单体的各级解离常数如下：

$$\begin{aligned} &H_4SiO_4 \Leftrightarrow H_3SiO_4^- + H^+, K_1=2\times10^{-10} \\ &H_3SiO_4^- \Leftrightarrow H_2SiO_4^{2-} + H^+, K_2=2\times10^{-12} \\ &H_2SiO_4^{2-} \Leftrightarrow HSiO_4^{3-} + H^+, K_3=1\times10^{-12} \\ &HSiO_4^{3-} \Leftrightarrow SiO_4^{4-} + H^+, K_4=1\times10^{-12} \end{aligned} \tag{3-8}$$

由硅酸盐逐级离解的四个步骤可计算出不同的 pH 值时各种形态硅酸根离子的含量，具体结果如图 3-1 所示。

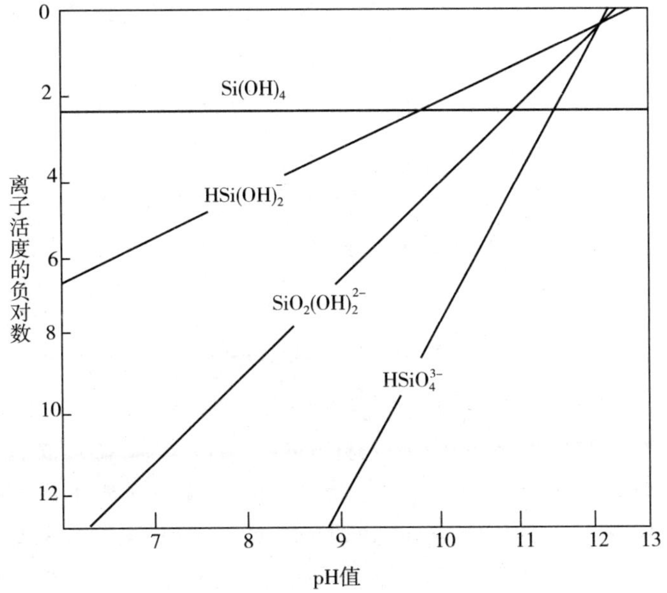

图 3-1　硅酸根离子浓度与 pH 值关系

由图 3-1 可以看出，随着 pH 值的升高，各种硅酸根离子浓度增加，SiO_2 溶解度提高。在 pH=10～13 时，硅酸以各种硅酸根离子形式存在。

(3)粉煤灰中铝化合物的溶解在于水化后的 Al^{3+} 与水结合成比较牢固的六配位形态——$Al(H_2O)_6^{3+}$，并逐级释放出 H^+：

$$Al(H_2O)_6^{3+} \Leftrightarrow Al(OH)(H_2O)_5^{2+} + H^+$$

$$Al(OH)(H_2O)_5^{2+} \Leftrightarrow Al(OH)(H_2O)_4^{+} + H^{+} \quad (3-9)$$

$$Al(OH)(H_2O)_4^{+} \Leftrightarrow Al(OH)(H_2O)_3 + H^{+}$$

由 $Al(H_2O)_6^{3+}$ 逐级解离的四个步骤可计算出不同 pH 值时各种单体水解铝离子的含量，具体结果如图 3-2 所示。

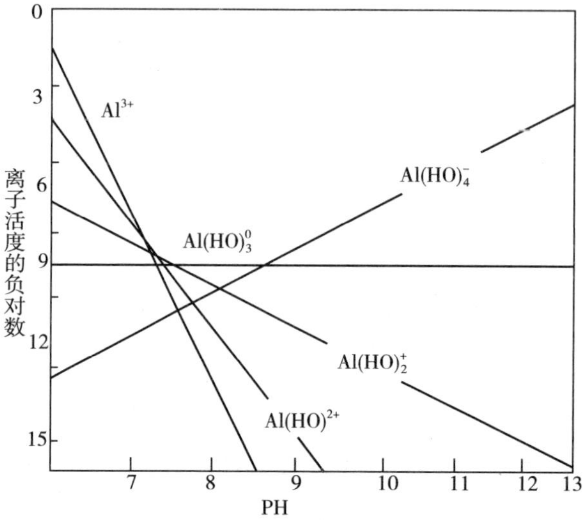

图 3-2　铝离子含量与 pH 值关系

由图 3-2 可以看出，随着 pH 值的提高，各种水解铝离子的浓度在增加，铝化合物溶解度提高。在 pH=10～13，仅以 $Al(OH)_2(H_2O)_2^-$ 铝离子为主。

液相介质中的水解铝离子及各种硅酸根离子均将与 Ca^{2+} 发生火山灰反应：

$$xCa(OH)_2 + SiO_2 + nH_2O \rightarrow xCaO \cdot SiO_2 \cdot (n+x)H_2O$$

$$yCa(OH)_2 + Al_2O_3 + nH_2O \rightarrow yCaO \cdot Al_2O_3 \cdot (n+y)H_2O$$

由各反应物的溶解机制可以看出，常温下伴有 $Ca(OH)_2$ 结晶的水溶液中，硅酸根离子形态呈现多样化，水解铝离子仅以 $Al(OH)_4(H_2O)_2^-$ 为主，这势必造成火山灰反应产物中硅酸盐类别多样化，铝酸盐却较单一。另外，碱性液相介质中还有硅多聚体和铝聚合体，故反应产物中还有部分硅铝酸盐，如葡萄石（CASH）、水化榴石（C_4AH_{13}）、雪硅钙石等。由图 3-1 和图 3-2 可以看出，在有碱性物质 $Ca(OH)_2$ 激发的水溶液中，硅的溶解度远大于铝，因此反应产物在量上硅酸钙应占有绝对优势。

3. 粉煤灰对水泥矿物水化的影响

关于粉煤灰对水泥矿物 C_3S 的水化影响，目前存在两种完全相反的结论。

Mohan 等的研究表明[2]，粉煤灰将加速水泥矿物 C_3S 的水化。他们采用的粉煤灰性质为：SiO_2 51.2%，Al_2O_3 27.3%，Fe_2O_3 93%，CaO1.3%，MgO 1.6%，SO_3 0.9%，K_2O 3.9%，Na_2O 1.20%，烧失量 2.6%，比表面积 353m^2/kg，C_3S 与粉煤灰的混合比例为 3∶1，所有浆体的水灰比为 0.50。这种水泥粉煤灰浆体的 XRD 分析结果显示，早期掺加粉煤灰的 C_3S 水化速度比纯 C_3S 明显加快，1d 时掺有粉煤灰的 C_3S 水化量大约为 45%，

而纯 C_3S 只有 35%水化；随着时间的延长，C_3S 水化量逐渐接近。

Jawed 等的实验结论完全相反，他们采用的 C_3S 与粉煤灰的比例为 4∶1，水灰比为 0.50，表 3-2 是他们实验用的两种粉煤灰的性质，图 3-3 是两种粉煤灰中各种离子在水溶液和 0.5m 的 NaOH 溶液中的浓度[2]。

表 3-2　Jawed 等实验用粉煤灰性质

编号	SiO_2	Al_2O_3	Fe_2O_3	CaO	MgO	Na_2O	K_2O	SO_3	LDI	比表面积 (cm^2/kg)	44μm 筛分
Ⅰ	50.7	29.59	6.82	0.44	0.84	0.54	2.11	0.58	2.61	314	17.7
Ⅱ	51.86	29.05	5.79	0.43	0.83	0.51	2.99	0.36	3.61	250	27.2

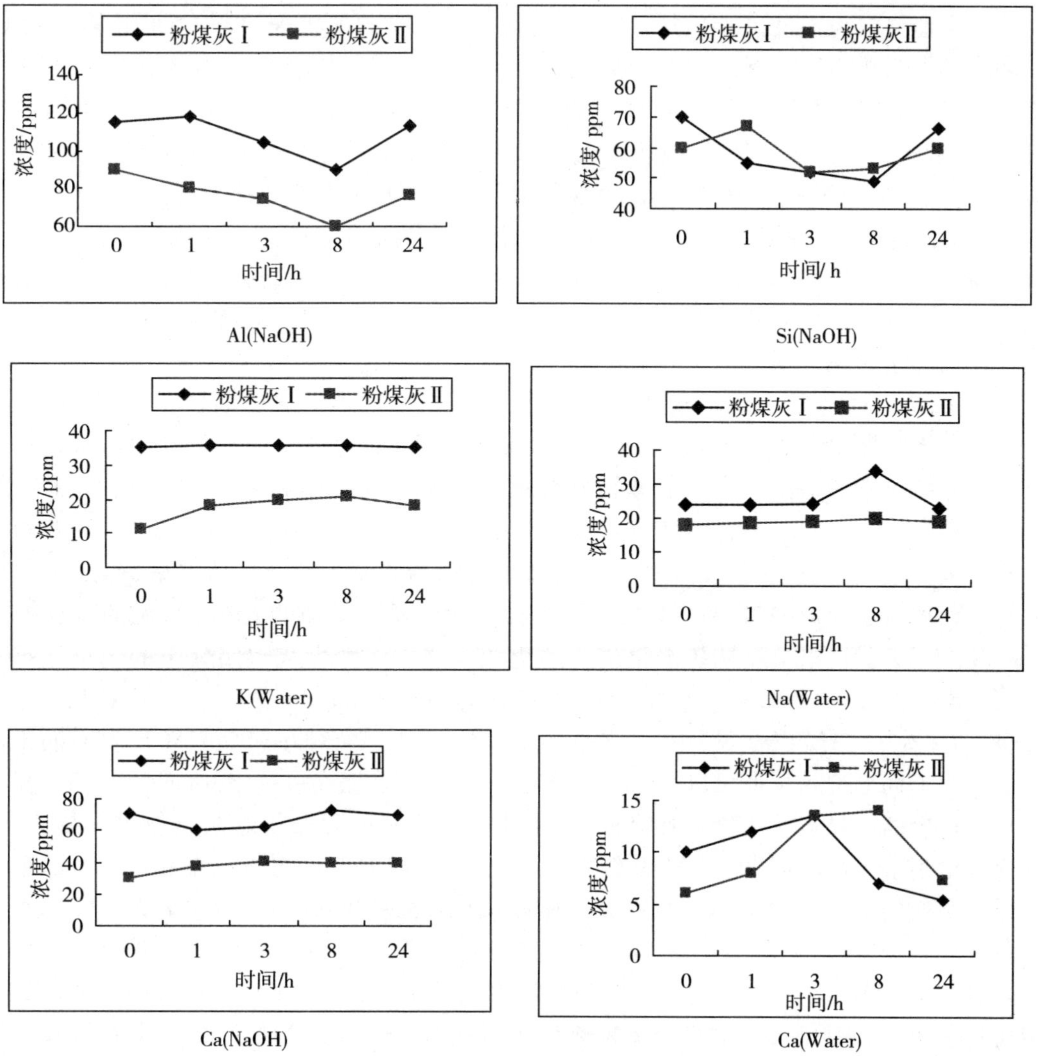

图 3-3　粉煤灰溶解于水和 NaOH 溶液中的离子浓度

他们的研究结果显示，两种粉煤灰对 C_3S 放热峰的推迟时间在水溶液中比较接近，但在0.5m的NaOH溶液中，粉煤灰Ⅰ的推迟时间更长。由于在NaOH溶液中，粉煤灰Ⅰ的Al离子浓度明显高于粉煤灰Ⅱ，因此，他们认为Al离子对 C_3S 水化延迟作用最为明显，这种延迟是因为粉煤灰中的A1，Si离子的溶解影响了 C_3S 成核，因此影响了 C_3S 的水化。

Ogawa等研究结果显示，虽然粉煤灰将 C_3S 的放热峰推迟了12h以上，但24h内的XRD结果显示粉煤灰中的 C_3S 水化了55%，无粉煤灰的 C_3S 只水化了40%。

Plowman等就粉煤灰对 C_3A 和 C_4AF 的水化影响也开展了研究。他们的 C_3A 和 C_4AF 样品是按照以下步骤获取的：首先采用顺丁烯二酸和乙醇萃取水泥中的 C_3S 和CaO，然后用 NH_4Cl 溶液除去硬石膏、石膏和其他形式的硫酸钙，最后获得 C_3A 和 C_4AF，并加热至600℃左右以恢复样品的活性。他们采用的粉煤灰性质为：SiO_2 48.96%，$A1_2O_3$ 27.18%，Fe_2O_3 10.85%，CaO 1.57%，MgO 1.30%，SO_3 1.25%，K_2O 3.81%，Na_2O 0.78%。他们认为在最初的30min内，水化速度主要受扩散机理控制，因此粉煤灰对 C_3A 和 C_4AF 水化的影响就体现在粉煤灰对 C_3A 和 C_4AF 扩散系数的影响上。为便于分析，他们采用平均粒径为30μm的磨细石英做比较。试验结果如下：当掺30%的石英粉后，C_3A 的扩散系数明显降低，再掺入与粉煤灰中含量相等的石膏后，C_3A 扩散系数进一步降低，但降低幅度减少：但掺30%粉煤灰后，C_3A 扩散系数降低明显，达6倍之多。对 C_4AF 采取同样的措施后，发现 C_4AF 扩散系数的变化规律与 C_3A 基本类似。因此，他们认为粉煤灰将延缓 C_3A 和 C_4AF 的水化。但是Uchikawa等的研究却显示，粉煤灰的存在不仅加速钙矾石的形成以及钙矾石向单硫型硫铝酸钙的转化，而且在有石膏存在的情况下还加速了 C_3A 的水化。

4. 水泥-粉煤灰系统的水化研究

Ghose等根据扫描电镜和XRD的分析结果，对水泥粉煤灰的水化过程与水化产物进行了比较完整的描述[7]：1h后，水泥颗粒表面基本产生三种水化产物，针状的AFt(高铝型硫铝酸钙)，非常细小的颗粒状的早期水化产物和很大的晶态的次生石膏，一些粉煤灰颗粒表面也生成水化产物，但这些水化产物很难判断是生成于粉煤灰表面，还是水泥水化产物的沉淀；4h～12h左右，粉煤灰颗粒表面形成一些坑点，并有水泥的水化产物CH和AFt的沉淀以及颗粒状水化产物的生成。这一将粉煤灰封闭其中的包裹层类似双向可渗透的膜，为粉煤灰被 OH^- 进一步消蚀提供了可能；18h后，AFt的棒状晶形基本完全，一些大的CH开始生长，并出现很多Hadley颗粒，同时在粉煤灰颗粒表面的不同区域出现不同形貌的包裹层；1d后，AFt相由于快速生长而在一些空隙内互相交叉，无水化产物包裹的粉煤灰在孔隙中被溶蚀，有水化产物包裹的部分粉煤灰颗粒也开始水化，其表面出现解理清晰可见的CH及絮凝状水化产物，同时未水化的粉煤灰颗粒与晶形比较好的CH结合紧密；3d后，虽然存在一些厚包裹层的粉煤灰颗粒，但它们在CH的大量生成区域很少发现，大部分的粉煤灰颗粒由于溶蚀而嵌于CH中，随着时间的延长，裹覆于粉煤灰颗粒表面的水化产物或水泥包裹层将更为明显；14d后，在比较大的空隙区域可明显看出AFt转化为AFm(低硫型硫铝酸钙)，同时，Hadley颗粒消失，可能被吞没。另外，由于CSH，CH的持续生长，水泥粉煤灰结合料更为密实和连续；3d～2个月期间，粉煤灰颗粒在多种水化、溶蚀作用下逐渐缩小，这种情况随时间的延续将更加明显；5个月后，虽然部分粉煤灰颗粒已经显著水化，甚至完全分解，但仍有一些粉煤灰颗粒基本没有发生水化，微观分析结果显示，已反应的粉煤灰颗粒均属于高铝低硅颗粒。

Pietersen 等采用 SiNMR(核磁共振光谱)技术研究了水泥-粉煤灰系统的水化产物，SiNMR 主要用来确定与 SiO_4 结合的 Si 的原子数。通常用 Q 表示 SiO_4 四面体，Q^n 的上标 n 表示 SiO_4 四面体与其他 SiO_4 共用的 O 和 OH 的数量，Q^0 表示单硅酸盐，Q^1 表示双硅酸盐或链状硅酸盐的末端，Q^2 表示链状硅酸盐的中部，Q^3 表示链状硅酸盐的分叉点，Q^4 表示三维硅酸盐。目前 SiNMR 可以判断两种水化硅酸盐，即 Q^1 表示外部的 CSH 水化产物，Q^2 表示内部密实的 CSH，这种水化产物通常在后期才出现，Q^1 的化学位移为～78～80ppm，Q^2 的化学位移为～83/～85ppm。Pietersen 等的研究发现，在水化早期，水泥-粉煤灰系统水化产物中 Q^2 已经相比 Q^1 显著增加，显示此时已有更长链的 CSH 生成，且玻璃体含量越高，粉煤灰越细，Q^2/Q^1 比值增加越明显[2]。

关于粉煤灰的掺入会引起 CSH 化学组成变化的问题，已有的研究结论比较一致：Mohan 等发现粉煤灰—C_3S 浆体相对于纯水泥浆体而言，CSH 钙硅比有明显降低，平均值大约从 1.51 降低到 1.43。Rayment 的分析结果显示，粉煤灰将降低 C_3S 颗粒内层水化产物的钙硅比，大约是 1.71～1.55，他认为还可能是 Si 含量的增加。LachowsRi 等发现 6 年龄期的 CSH 钙硅比为 1.0～1.2，而纯水泥的水化产物 CSH 的钙硅比为 1.49～1.79，铝钙比为 0.13。XRD 结果显示，硅酸盐水泥水化产物中有 32% 的 CH，而掺加粉煤灰后只有 11%。Uchikawa 等报到了水化 180 天时，C_3S 单独水化浆体中多聚硅酸根离子和二聚硅酸根离子的比值是 0.56。而粉煤灰存在时，该值增大到 0.80。AEM(分析电子显微镜)的观察研究表明，$n(Ca)/n(Si)$ 的比值接近 1.55，并随水化龄期的增加而变小，如水化 6 天的粉煤灰水泥浆体中，CSH 的 $n(Ca)/n(Si)$ 值为 1.2～1.0。

以上的研究说明，由于粉煤灰的掺入，水泥-粉煤灰系统的早期水化就可以产生密实、长链的 CSH，且 CSH 的钙硅比相对于纯水泥浆体而言有明显的降低。因而水泥海排灰碎石基层能形成较高的早期强度[13,14]。

3.2.2 三灰碎石底基层中水泥石灰粉煤灰化学反应

三灰碎石底基层结合料的化学反应跟水泥海排灰碎石类似。但三灰碎石中的反应主要是石灰与粉煤灰之间的反应，水泥用量较少起早强作用，不是主要反应。在水泥石灰粉煤灰(三灰)碎石强度形成过程中，其中的三相间发生的基本作用有：石灰粉煤灰之间火山灰反应，石灰自身的解离、结晶作用和碳化作用以及水泥的水化作用。这些作用的进行都是通过液相介质来完成的。从对水泥石灰海排灰稳定碎石强度贡献的大小来说，石灰海排灰之间的火山灰反应是最主要的作用过程，而石灰的解离作用是所有过程的基础。石灰的结晶作用及碳化作用又增加了水泥石灰海排灰稳定碎石的强度。具体反应过程可阐述如下[15,35]。

1. *石灰在水溶液中的解离作用*

熟石灰在水溶液中可解离形成 Ca^{2+} 和 OH^-，并散发微量的热：

$$Ca(OH)_2 \rightarrow Ca^{2+} + 2OH^- \tag{3-10}$$

这一过程提供了大量的 Ca^{2+} 和 OH^- 离子，使混合料液相的 pH 值升高。这是其他后续反应的基础。$Ca(OH)_2$ 虽是强碱，但是在水溶液中由于离子间的相互吸引，使它表现出一定的电离度，且电离度随 $Ca(OH)_2$ 溶液浓度的减少和温度的升高而增大。

2. *石灰的结晶和碳化作用*

液相水溶液中的氢氧化钙可以在溶液水分蒸发造成的过饱和状态下发生溶液的逆反应-结晶作用，形成氢氧化钙晶体，其化学反应式如下：

$$Ca(OH)_2 + nH_2O \rightarrow Ca(OH)_2 \cdot nH_2O \quad (3-11)$$

石灰吸收水分形成含水晶格并由胶体逐渐成为晶体，这种晶体相互连接，并与碎石形成共晶体，把固体颗粒胶结成整体，从而产生一定的结构强度。与不定形的 $Ca(OH)_2$ 相比，晶体 $Ca(OH)_2$ 的溶解度几乎减少一半，因而由晶体 $Ca(OH)_2$ 形成的结晶结构的水稳定性比由 $Ca(OH)_2$ 胶体形成的凝聚结构的水稳定性好，使得水泥石灰粉煤灰碎石混合料的稳定性得以提高。

液相中的 $Ca(OH)_2$ 也可以与气相或溶解于水中的 CO_2 反应，产生碳化作用：

$$Ca(OH)_2 + CO_2 \rightarrow CaCO_3 + H_2O \quad (3-12)$$

$CaCO_3$ 晶体具有较高的强度和水稳定性，它对粉煤灰的胶结作用使粉煤灰得到了加固。当 $CaCO_3$ 晶体沉积在水泥石灰粉煤灰碎石混合料颗粒间隙中时，产生一定的胶结强度。由于 CO_2 可能由混合料的空隙进入，也可能由粉煤灰本身产生，水泥石灰海排灰碎石混合料的表层碳化形成的硬壳阻碍 CO_2 进一步渗入，因而 $Ca(OH)_2$ 的碳化作用相当缓慢，是形成水泥石灰海排灰粉煤灰稳定碎石混合料后期强度增大的原因之一。

3. *石灰与粉煤灰的火山灰反应*

石灰与粉煤灰的火山灰反应是水泥石灰海排灰粉煤灰碎石混合料强度形成的主要因素。海排灰中粉煤灰的矿相主要是硅铝玻璃体，一般大于 70%，并有少量的石灰，莫来石（$3Al_2O_3 \cdot 2SiO_2$）等结晶矿物以及未燃尽的碳粒。其中硅铝玻璃体是粉煤灰中具有活性的主要部分，它是由粉煤灰中的黏土矿物在高温下熔融，在表面张力作用下形成液滴，排出炉外时急速冷却而形成的小球体。硅铝玻璃体可与石灰发生火山灰反应。反应的定性描述如下：

$$xCa(OH)_2 + SiO_2 + nH_2O \rightarrow xCaO \cdot SiO_2 \cdot (n+x)H_2O \quad (3-13)$$

$$yCa(OH)_2 + Al_2O_3 + nH_2O \rightarrow yCaO \cdot Al_2O_3 \cdot (n+y)H_2O \quad (3-14)$$

溶解在石灰粉煤灰碎石液相中的 $Ca(OH)_2$，通过液相扩散到球形玻璃体与水溶液的界面上而富集。在碱性条件下，玻璃体中的 SiO_2，Al_2O_3 成分被溶蚀，而与 Ca^{2+} 的反应生成水化硅酸钙，水化铝酸钙等系列产物。对于硫钙型粉煤灰或有石膏存在时，还可以生成水化硫铝酸钙。

4. *水泥的水化作用*

这里的水泥水化作用与水泥海排灰碎石一样。水泥的化学成分主要是硅酸三钙（$3CaO \cdot SiO_2$）、硅酸二钙（$2CaO \cdot SiO_2$）、铝酸三钙（$3CaO \cdot Al_2O_3$）及铁铝酸四钙（$4CaO \cdot Al_2O_3 \cdot Fe_2O_3$）等。水泥中的这些矿物熟料遇水后发生水化反应，生成的主要水化产物为水化硅酸钙、氢氧化钙、水化铝酸钙、水化铁酸钙、水化硫铝酸钙等。这些水化产物具有胶结作用，将粉煤灰中的其他颗粒胶结在一起，随着时间的推移，发生了凝结、硬化作用，使拌合物的强度得到较大幅度的提高。

大部分水化产物开始时以凝胶出现在玻璃体的周围。随着龄期的增长，水化产物在过饱和溶液状态下以微晶体形式析出，并由玻璃体表面伸展到水泥石灰粉煤灰碎石固相间的空隙，相互联生，形成二维的结晶体网状结构，且联结固相颗粒成一整体，形成了很高的联结强度。

上述几种反应不是立刻完成的，而是随着时间的推移逐渐发展，经过一段时期后才会结束。在此期间胶体、晶体不断增多、长大，彼此逐渐接触、交叉，除将未参加化学反应的粉煤灰中的其他矿物黏结在一起外，并形成一个胶体加晶体的空间网络结构，这个坚固的空间网络是水泥石灰海排灰碎石混合料强度形成结构的原因。

火山灰反应是一个缓慢长期的过程，这是使水泥石灰海排灰碎石混合料具有较高后期强度的根本原因。当水泥石灰海排灰中的水化硅酸钙胶体析出之后，犹如水泥石一样，能将作为骨料的碎石紧紧地胶接在一起，形成一个坚实的整体，逐渐产生一定的强度。并且强度随着龄期的增长而增长。

因此，从上述分析可知，是否能够在整个海排灰与石灰所发生的各种形式作用过程中形成充分的火山灰反应，是水泥海排灰类材料能否产生良好结构强度的最根本原因。然而，火山灰反应程度的高低取决于多种因素，在不考虑外因条件时，影响的内因在很大程度上在于海排灰活性的高低。

3.3 粉煤灰-水泥体系对海排灰中氯离子的固化机理研究

由从绪论知道，海排灰中的氯离子可能对基层、底基层材料的抗冲刷性能、抗冻性能能造成影响，而这种影响主要与自由氯离子含量有关，而与固化氯离子影响不大。因此，需要研究水泥、石灰、粉煤灰材料对氯离子的物理或化学固化能力。让粉煤灰中自由氯离子尽可能在基层结合料火山灰反应时，进入晶体微粒中，实现化学固化；或者自由氯离子被火山灰反应生成的胶体表面吸附，实现物理固化。本节主要研究水泥、粉煤灰材料对基层、底基层材料氯离子固化的影响。

目前海排灰中氯离子被固化的研究很少见。研究氯离子被固化的成果大多出于研究钢筋混凝土耐久性方面的研究[19,20]。武汉理工大学胡红梅在研究矿物功能材料对混凝土氯离子渗透性影响时，研究了水泥水化和混凝土中掺粉煤灰对 Cl^- 离子的固化能力的影响[17]。

3.3.1 水泥水化产物对氯离子的固化

在水泥水化产物中，对氯离子固化起关键作用的水化产物主要有两个：一个是水化铝酸钙晶体（C_3AH_6），另一个则是水化硅酸钙凝胶体（C－S－H gel）。

氯离子与水化铝酸钙晶体结合生成所谓“Friedel 盐”即[$3CaO \cdot Al_2O_3 \cdot CaCl_2 \cdot 10H_2O$]。许多作者对不同 C_3A 含量，尤其是低 C_3A 含量的抗硫酸盐水泥做了研究，发现水泥浆体结合氯离子的能力随 C_3A 含量增加而增加，表明水化铝酸钙对氯离子确有较强的结合能力。当然，C_3A 含量并不是影响混凝土氯离子结合能力的唯一因素，相反，所有水化产物看来都以物理或化学形式或多或少地结合氯离子。另一个对氯离子固化比水化铝酸钙更为重要的水化产物是 C－S－H gel。C－S－H gel 凝胶具有非常大的比表面积，因此具有较高的表面能，像氯离子这样活泼的离子极易被其吸附于表面，从而对氯离子起到固化作用。P·sandber 对暴露在海洋中的混凝土研究表明，C－S－H gel 凝胶对氯离子有较强的结合能力，如图 3－4 所示。由图看出，C－S－H gel 对 Cl^- 离子的固化率主要取决于自由氯离子浓度，与水灰比等因素无关，这是其自身物理化学特性决定的[17]。

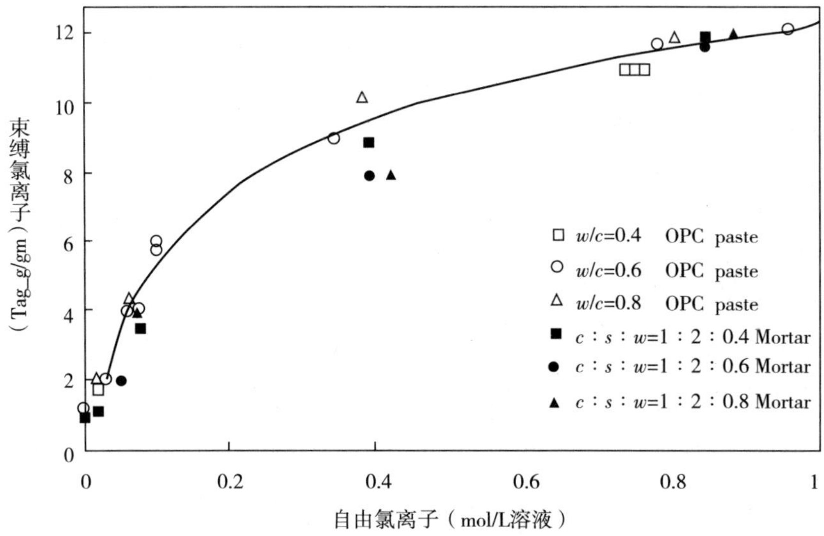

图 3－4 单位 C—S—H gel 吸附氯离子的能力

3.3.2 粉煤灰-水泥体系对 Cl^- 离子固化研究

把水泥和粉煤灰按照一定的比例配成等重量的样本，放入相同的 NaCl 溶液中，定时测定溶液中氯离子的含量，如果溶液中氯离子含量越小，说明粉煤灰-水泥体系对 Cl^- 离子固化能力越强。具体操作如下：将所有粉状材料首先在 105℃条件下干燥 24h，在液固比为 10 的条件下（采用去离子水溶液），测定其原有 Cl^- 离子（C_{i0}）。采用分析纯级 NaCl 配制标准溶液，$C_0 = 9.0 \times 10^{-3}$ mol/L，精确称取样本重 2.000g，取标准溶液 20mL±0.01mL，置于 30mL 试管内密封，置于超声分散仪中（23℃）每隔半小时手工剧烈震荡三十次，反复八次后取出静置 1h，测定溶液的 Cl^- 离子含量 C_i，取二次平均值，多次测定后检查仪器的标定值变化以排除实验误差。氯离子的测定来用数字式微程序控制的 pH/mv 氯离子选择电极测定完成。仪器的精度 0.1mv，测量范围为 0.00001mol/L 至

1.0mol/L，每次测定要采用标准溶液对待测区间进行标定[15]。

Cl^-离子初始固化力(IBC)C_{bi}定义为待测定材料在给定时间(水化初期5hrs)内，样本单位质量对氯离子的吸附总量，它可以下式计算：

$$C_{bi}=\frac{(C_0+C_{i0}-C_i)\cdot V\cdot M}{W_i} \tag{3-15}$$

式中：C_{bi}——i种组份的氯离子固化力(mg/g)；

C_0——标准溶液的氯离子浓度(mol/L)；

C_i——i种组份吸附固化后溶液的Cl^-浓度(mol/L)；

C_{i0}——i种组份在去离子水溶液中的Cl^-浓度(mol/L)；

V——测量时标准溶液体积(L)；

M——NaCl的摩尔质量(g)；

W_i——i种组份测量时样品质量(g)。

为了比较不同材料对体系中总的Cl^-离子的固化能力，引入了相对初始固化率P_i，它可从下式计算：

$$P_i=\frac{C_0+C_{i0}-C_i}{C_0}\times 100\% \tag{3-16}$$

式中：P_i反映组份i固化Cl^-离子部分与体系总的Cl^-离子的百分比。

表3-3给出了不同粉煤灰掺量水平下Cl^-离子的初始固化力测定结果，不同粉煤灰水泥净浆对Cl^-离子的固化力和相对固化率结果绘于图3-5和图3-6。

表3-3 水泥-粉煤灰体系初始固化力测试结果

NO.	W_{del} (g)	Cement (g)	FA (g)	S_S (ml)	C_{i0} (10^{-3} mol/L)	C_i (10^{-3} mol/L)	C_{b1} (mg/g)	p (%)
A_2	20	0	0	0	—	—	—	—
A_2	20	2	0	0	0.3	—	—	—
A_3	20	0	2	0	0.2	—	—	—
A_4	20	1	1	0	0.25	—	—	—
A_5	20	1.5	0.5	0	0.28	—	—	—
F_0	0	0	0	20	—	9	—	—
F_1	0	2	0	20	0.3	6.6	1.74	30
F_2	0	1.5	0.5	20	0.28	7.4	1.21	20.9
F3	0	1	1	20	0.25	7	1.45	25
F4	0	0	2	20	0.2	6.8	1.54	26.7

注：W_{del}—表示去水离子；S_S—表示标准溶液；—表示未检测到；FA—粉煤灰；Cement—水泥；P_i—相对初始固化率。

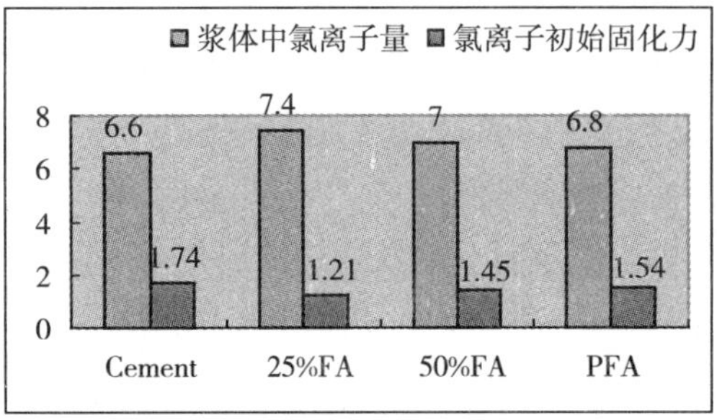

图 3-5　不同粉煤灰掺量下浆体中氯离子含量及初始固化力

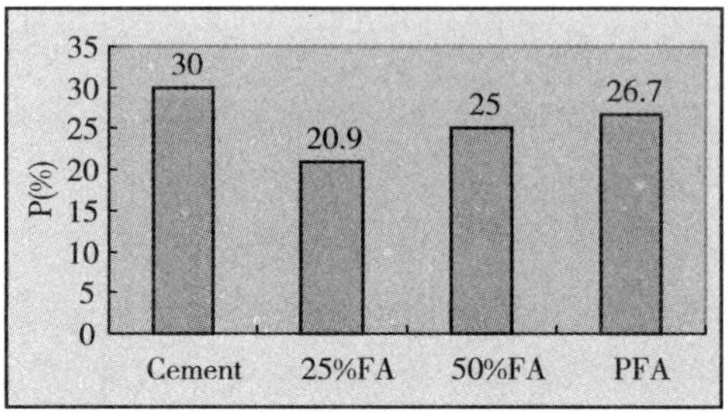

图 3-6　不同粉煤灰掺量时相对初始固化率

从以上试验结果可以看出:纯水泥浆体具有最大的 Cl^- 固化力值及相对初始固化率化作用主要归因于 C_3A 和 C_3S 的水化反应,即:

$$2(C_3S)+6H_2O=3CaO\cdot 2SiO_2\cdot 3H_2O+3Ca(OH)_2 \quad (3-17)$$

$$Ca(OH)_2+2NaCl\Leftrightarrow CaC1_2+2Na^++2OH^- \quad (3-18)$$

$$C_3A+CaC1_2+10H_2O\Leftrightarrow 3CaO\cdot A1_2O_3\cdot CaC1_2\cdot 10H_2O \quad (3-19)$$

在 C—S—H gel 结构中,由于其巨大的比表面积,通过双电层作用,对 Cl^- 产生强烈的化学吸附和物理吸附。

与水泥浆体相比,纯粉煤灰浆体对氯离子的固化力略低一些,其相对初始固化率为体系氯离子含量的 26.7%。然而注意到本试验的条件,可以认为纯粉煤灰浆体在标准溶液中 5h 几乎不存在水化反应,从而排除了水化反应因素,表明粉煤灰自身对氯离子具有很强的固化能力。从图 3-6 中还可以看出,在粉煤灰取代水泥的过程中,混合浆体的固化力下降,特别是取代率 25%条件下表现更加明显。这一现象的原因可能是由于粉煤灰对水泥浆体的体积稀释削弱了水泥的水化,以及二者间的颗粒填充和吸附削弱了氯离子的固化效果。

总之,与水泥浆体相比,纯粉煤灰浆体对氯离子的固化力稍低一些,在 C-S-H gel 结构中,阳离子如 Al^{3+} 和 Fe^{3+} 离子可以取代 Si^{4+},由于电荷的平衡作用,导致了 C-S-H 对 Cl^- 的强烈化学吸附和物理吸附。

3.4　海排灰中含盐量对结合料影响的微观试验研究

上一章已经从试验数据上对水泥海排灰稳定碎石混合料、三灰碎石的力学性质进行了详尽的对比分析,并进行了比较。但氯离子在水泥海排灰稳定碎石混合料、三灰碎石混合料中表现为怎样的形态,又怎样与参与水化反应,形成怎样的新晶体使其宏观强度发生变化,这样的问题中外文献都未涉及过。本节从微观领域出发就上述问题进行较为系统的研究。旨在将不同氯盐含量粉煤灰组成的水泥海排灰稳定碎石混合料、三灰微观组织结构与其物理-力学性能之间建立起联系，从而达到进一步揭示强度构成原理的目的。微观分析研究方法如下：

(1)扫描电子显微镜(SEM，Scanning Electron Microscope)法。取5mm左右粒状样品(观察界面形貌时必须含界面)，用导电胶将样品粘铜质样品座上，真空镀金后在日本产SX-40型扫描电镜中观察试样断面微貌并照相。一般情况下，样品应用手掰开，而尽量不用机械刀具，用刀具进行切片处理事实上已经改变了样品的原始微结构。

(2)X射线衍射(XRD)分析法。对原材料化学成分进行分析，取磨细后的测试样品，用X-射线照射品，激发原子内层电子而产生荧光X射线，其波长取决于物质中原子的种类，强度取决于该原子的浓度。据此进行元素的定性和定量分析。

由于每种结晶物质都有特定的结构参数，这些参数在X射线衍射花样中均有所反应。某种物质的多晶体衍射线条的数目、位置以及强度，是该种物质的特征，因而可以成为鉴别物相标志。用已知波长的X射线去照射未知结构的晶体，通过衍射角的测量求得晶体各晶面间距d，从而揭示晶体的结构，这就是X射线衍射分析的目的。

X射线衍射时满足布喇格方程：

$$2d\sin^{\theta}=\lambda \tag{3-20}$$

式中：d——晶体晶面间距；

θ——x射线与晶面间夹角；

λ——x射线波长。

3.4.1　微观分析试验内容

本试验采用水泥海排灰(水泥∶海排灰=1∶2)和三灰(水泥∶石灰∶海排灰=2∶10∶43)两种“海排灰”材料作为试验对象。每种材料采取人工掺加氯盐的方法，将不同氯盐含量的海排灰材料与普通粉煤灰材料进行对比分析。水泥海排灰材料分别采用不额外加盐，预先在海排灰中加0.5%氯离子，海排灰中加1%氯离子三种含盐量的海排灰；三灰材料分别采用不额外加盐、预先在海排灰中加1%氯离子、海排灰中加2%氯离子三种含盐量的海排灰。

通过标准击实试验，在最佳含水量和最大干密度下制成10cm×10cm的圆柱体试件，每组成型试件3×2=6个，龄期为3d，28d，每个龄期取3个试件进行分析。试件成型后放入标准养护室中养护，养护温度20℃±1℃。

养护至规定龄期时随机拿取破碎试件中间部分的薄片，立即放在无水酒精中浸泡7d终止水化，之后用真空抽虑干燥箱烘干试样。取样过程中注意不要用手直接接触薄片、不要用嘴吹薄片，以防止观测试件表面的碳化。

X射线衍射分析样品要首先研磨至粉末粒度小于100μm；扫描电镜样品体积不宜太大，一般不大于5mm×5mm×2mm，并预先喷金膜。

3.4.2 试验结果与分析

1. 水泥海排灰结合料的微观试验研究

(1)水泥海排灰材料X射线衍射分析(XRD分析)

① 不同氯盐含量海排灰的水泥海排灰材料3d衍射结果分析

不同氯离子含量海排灰的水泥海排灰材料与普通粉煤灰的水泥粉煤灰材料3d X射线衍射分析见图3-7~图3-10。

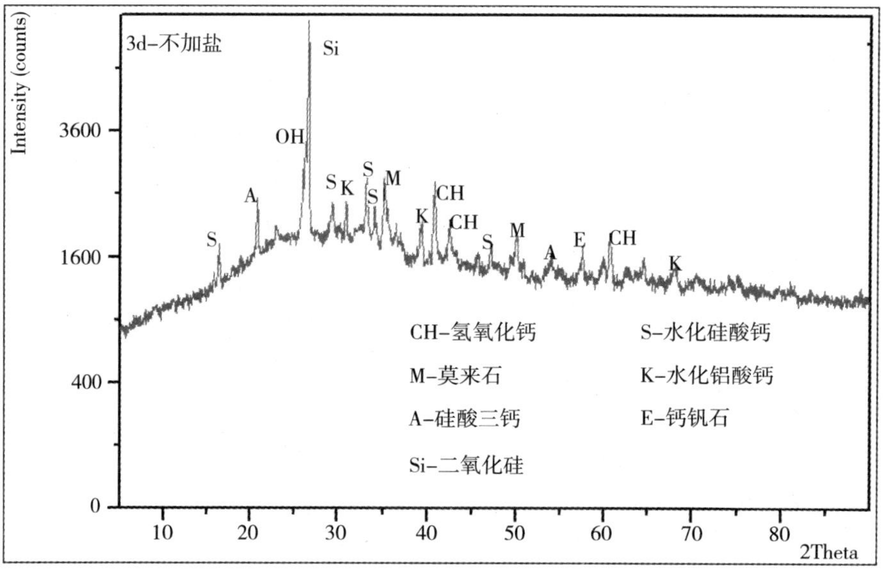

图3-7 混合料中海排灰不额外加氯离子养生3d的XRD图

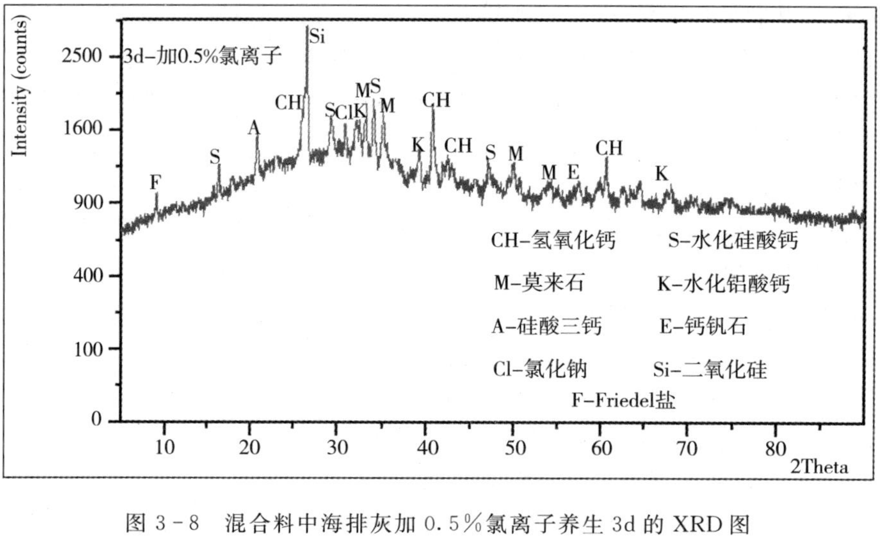

图3-8 混合料中海排灰加0.5%氯离子养生3d的XRD图

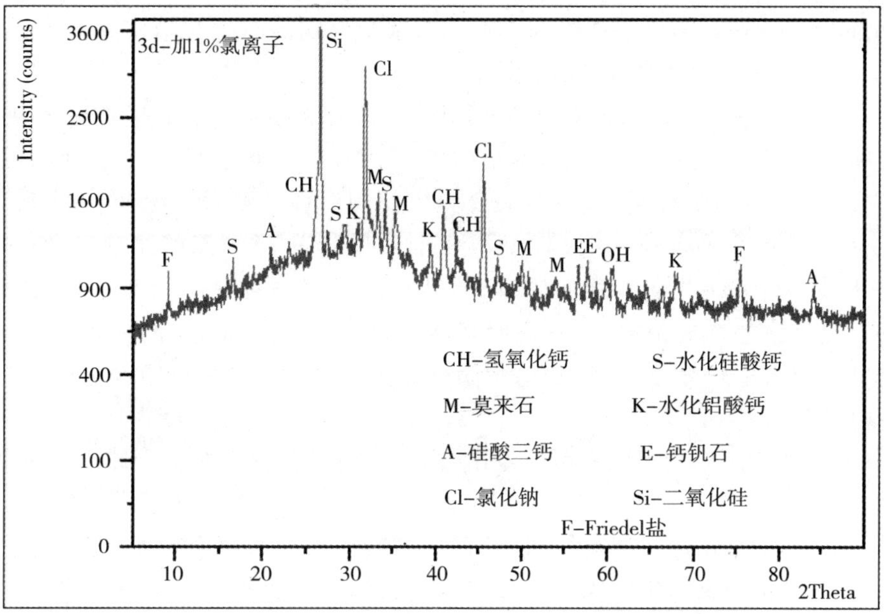

图 3-9　混合料中海排灰加 1%氯离子养生 3d 的 XRD 图

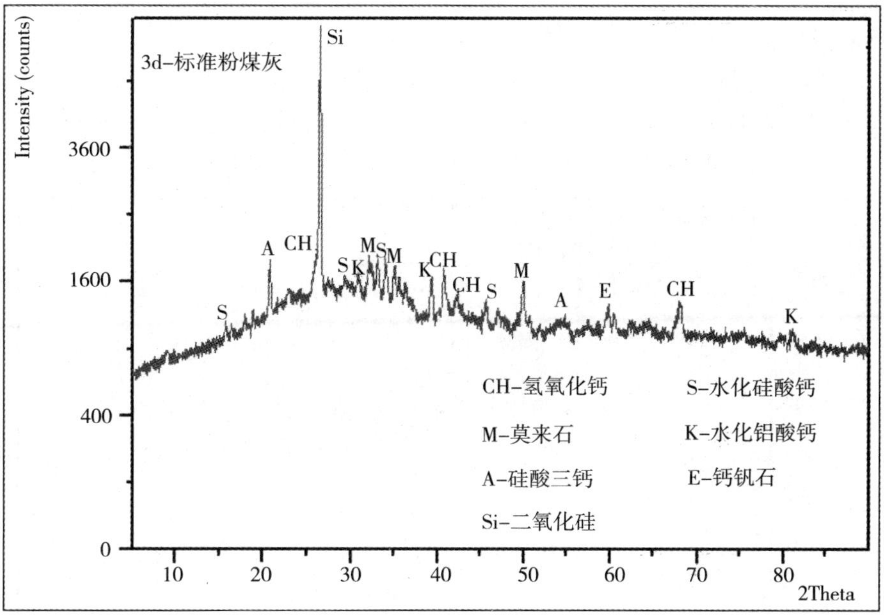

图 3-10　普通粉煤灰制成的混合料养生 3d 的 XRD 图

对图 3-7～图 3-10 进行分析和比较，可以得到以下结论。

从图 3-7 可以看出：在龄期为 3d 时，水泥海排灰混合料的水化产物中氢氧化钙和未反应的石英、莫来石的衍射峰都比较强。而且还出现了水化硅酸钙、水化铝酸钙、钙矾石和未水化的硅酸三钙等晶体的衍射峰。由于本试验采用的海排灰中氯离子含量不大，不外掺氯离子时，并未发现有 Friedel 盐生成。

将图 3-8 与图 3-7 相比较可以看出：当水泥海排灰混合料的海排灰中加入 0.5%氯离子时，生成的水化产物基本和图 3-7 相同，但各晶体的衍射峰强度普遍低于图 3-7。随着氯离子含量的增加，混合料中发现有新的晶体 Friedel 盐生成，这是因为，当混合料中氯离子达到一定浓度后，在水化反应初期水泥的水化产物 C_3A 相和 C-S-H相对 Cl^- 发生化学固化而生成 Friedel 盐，这种盐晶体具有很好的稳定性和强度；并发现氯化钠晶体的衍射峰，这说明当加入氯盐后，混合料养生 3d 时 Cl^- 未固化完全，并从普遍的衍射峰强度下降来看，未固化完全的 Cl^- 对混合料的水化反应起到了一定的抑制作用。

将图 3-9 与图 3-8 相比较可以看出：当水泥海排灰混合料的海排灰中入 1%氯离子时，生成的水化产物基本和图 3-8 相同，Friedel 盐的衍射峰强度几乎与图 3-8 相同，但可以明显地看出氯化钠晶体的衍射峰有所加强，这说明在混合料水化反应初期，水化产物形成的凝胶物不论以化学固化还是物理固化形式都不能完全固化过多的氯离子含量，氯离子一旦以氯化钠晶体的形式游离于混合料之中，势必会对水化反应的顺利进行起到阻碍作用。

将图 3-10 与图 3-7 相比较可以看出：当混合料采用普通粉煤灰作为结合料时，水泥海排灰混合料的水化产物与图 3-7 基本相同，其他物质的衍射峰强度相差也不大，这说明海排灰材料与普通粉煤灰材料性质上相差不大。

② 不同氯盐含量的二灰材料 28d 衍射结果分析

不同氯离子含量海排灰的水泥海排灰材料与普通粉煤灰的二灰材料 28d X 射线衍射分析见图 3-11～图 3-14。

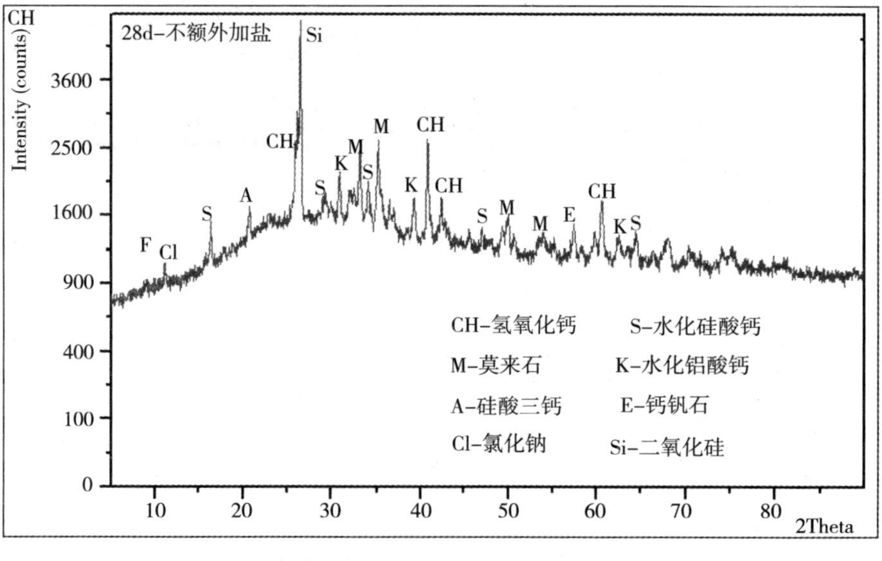

图 3-11 二灰中海排灰不额外加氯离子养生 28d 的 XRD 图

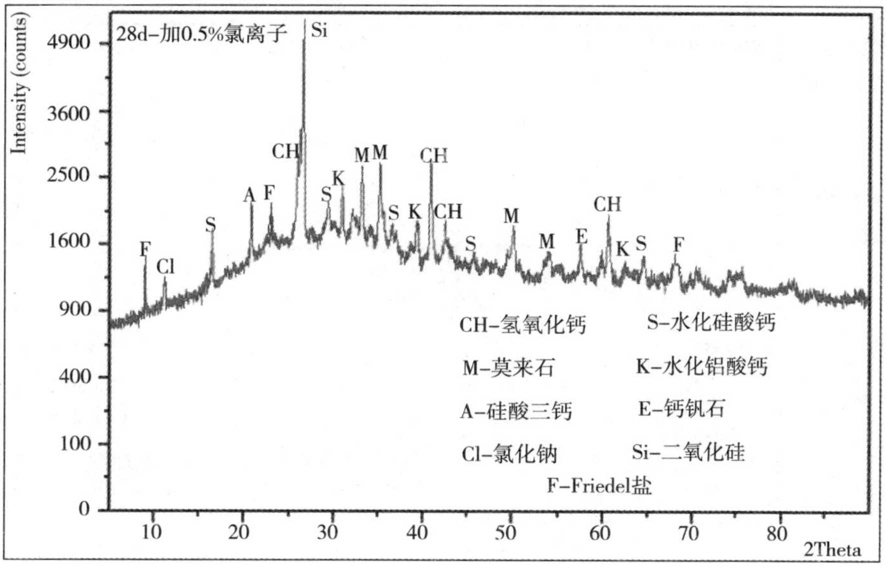

图 3-12　二灰中海排灰加 0.5%氯离子养生 28d 的 XRD

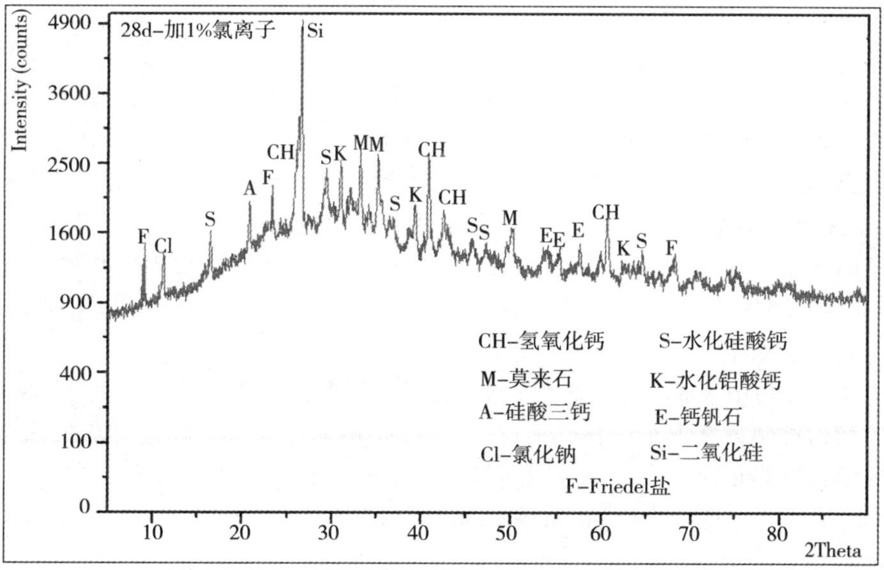

图 3-13　二灰中海排灰加 1%氯离子养生 28d 的 XRD 图

对图 3-11～图 3-14 进行分析和比较，可以得到以下结论。

从图 3-11 可以看出：在龄期为 28d 时，随着水化时间的延长，氢氧化钙的衍射峰强度出现下降趋势，莫来石、二氧化硅和硅酸三钙的衍射峰强度也略有下降，同时生成的水化硅酸钙等凝胶体的衍射峰强度都有所升高。水化产物晶体衍射峰的普遍提高，说明当龄期达到 28d 时，海排灰中的活性成分和水泥的水化物已经开始发生火山灰反应，生成更加稳定的水化产物。由于本试验采用的海排灰中氯离子含量不大，不外掺氯离子时，

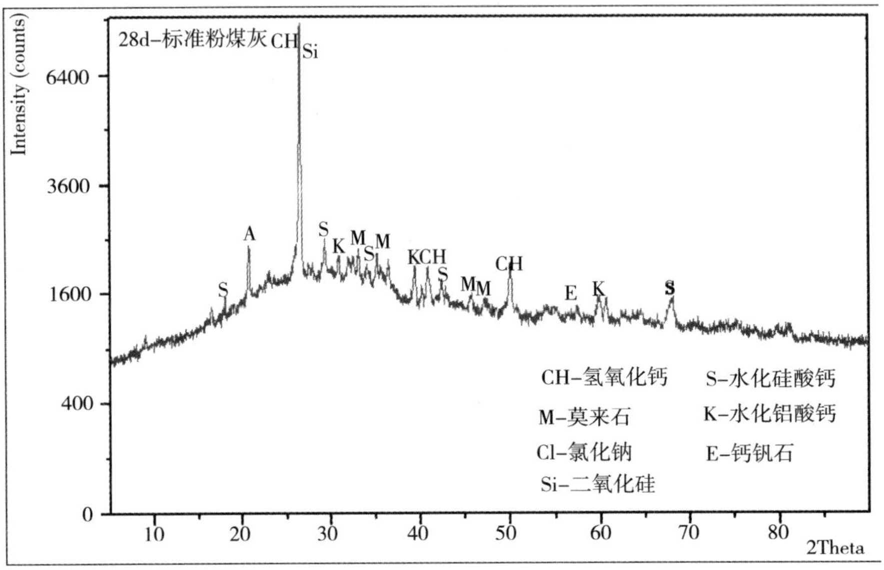

图 3-14　普通粉煤灰制成的二灰混合料养生 28d 的 XRD 图

并未发现有 Friedel 盐生成。

将图 3-12 与图 3-11 相比较可以看出：当水泥海排灰混合料中加入 0.5% 氯离子时，生成的水化产物基本和图 3-11 相同，但各晶体的衍射峰强度普高于图 3-11。随着氯离子含量的增加，水化反应的进一步进行和火山灰反应的发生，发现有新的晶体 Friedel 盐生成，这部分 Friedel 盐除了为早期水泥的水化产物 C_3A 相和 C-S-H 相对 Cl^- 发生化学固化而生成以外，一部分由火山灰反应生成的 C_3A 相和 C-S-H 相与 Cl^- 发生化学固化而生成，这种盐晶体具有很好的稳定性和强度；并发现氯化钠晶体的衍射峰，并且强度有增加的趋势，这说明随着 Cl^- 的加入，混合料中一部分 Cl^- 未被固化，在混合料中以氯化钠晶体的形式存在。

将图 3-13 与图 3-12 相比较可以看出：当水泥海排灰混合料中加入 1% 氯离子时，各晶体的衍射峰强度普遍低于图 3-12；发现氯化钠晶体的衍射峰进一步加强、增多，并且也发现了化学固化而生成 Friedel 盐，但从普遍的衍射峰强度进一步下降来看，由于未固化的 Cl^- 离子含量进一步增加，如果 Cl^- 离子含量过高，它会对混合料的正常水化反应造成一定的影响。

将图 3-14 与图 3-11 相比较可以看出：当混合料采用普通粉煤灰作为结合料时，二灰混合料的水化产物与图 3-11 基本相同，图 3-14 的氢氧化钙的衍射峰强度稍高一些，其他水化物的衍射峰强度在图 3-14 中也不比图 3-11 高出多少，这说明海排灰材料与普通粉煤灰材料性质上相差不大。

(2)原材料及水泥海排灰材料扫描电镜(SEM)分析

① 原材料扫描电镜分析

海排灰的微观结构可以反映其物理化学特性，海排灰的 SEM 照片见图 3-15。

图 3－15　海排灰的 SEM 照片

从海排灰的 SEM 照片可以看出，海排灰中含有大量的球型玻璃体，但也含有一定数量的板状结晶体和未燃碳粒。这说明一定数量的板状结晶体和未燃碳粒的存在必将对海排灰的活性产生负面影响。

② 不同氯盐含量的水泥海排灰材料早期(3d)扫描电镜分析

不同氯离子含量水泥海排灰材料与普通粉煤灰材料的扫描电镜图片见图 3－16～图 3－19。每种水泥海排灰材料选取不同放大倍数的(a)、(b)两张图，使得分析时能全面一些。

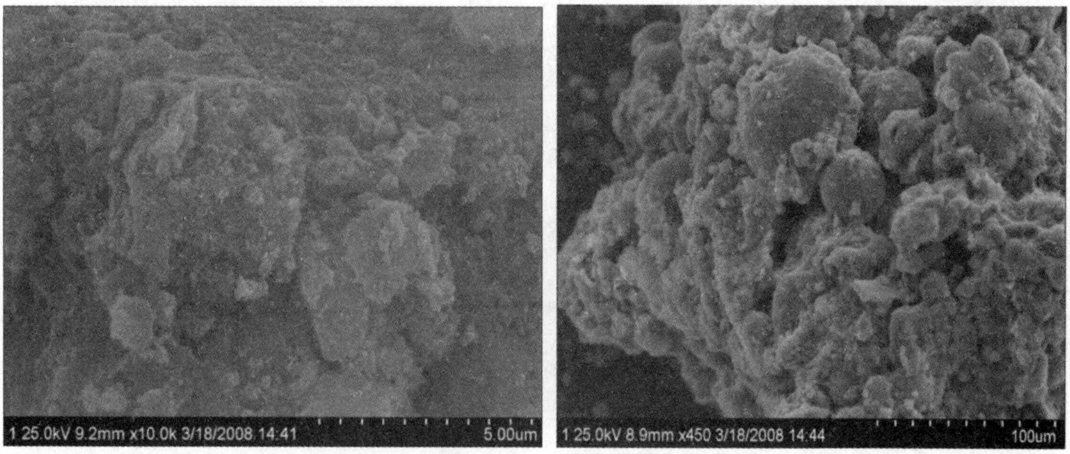

(a)　　(b)

图 3－16　水泥海排灰中海排灰不额外加氯离子养生 3d 的 SEM 图

对图 3－16～图 3－19 组图的进行分析和比较，可以得到以下结论。

从图 3－16 可以看出：试件水化 3d 时，绝大部分海排灰没有发生火山灰反应、颗粒表面很光滑，与周围凝胶体连接不紧密，部分活性高的海排灰球状体表面被水化产物包围着。硬化体结构较疏松，没有发现针状、柱状或棒状的结晶体，发现有少量的纤维状结晶体，并有大量的 CH 产生，说明水泥的水化反应尚未充分，结晶过程刚刚开始。

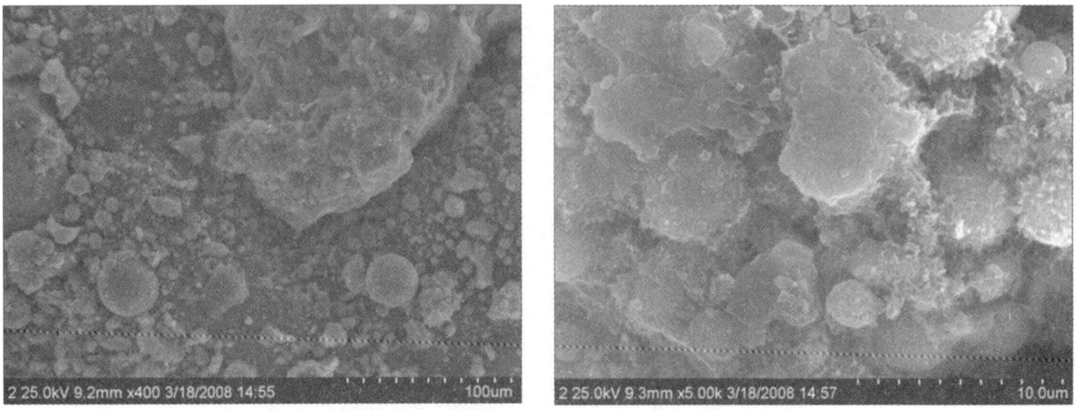

（a） （b）

图 3－17　水泥海排灰中海排灰加 0.5％氯离子养生 3d 的 SEM 图

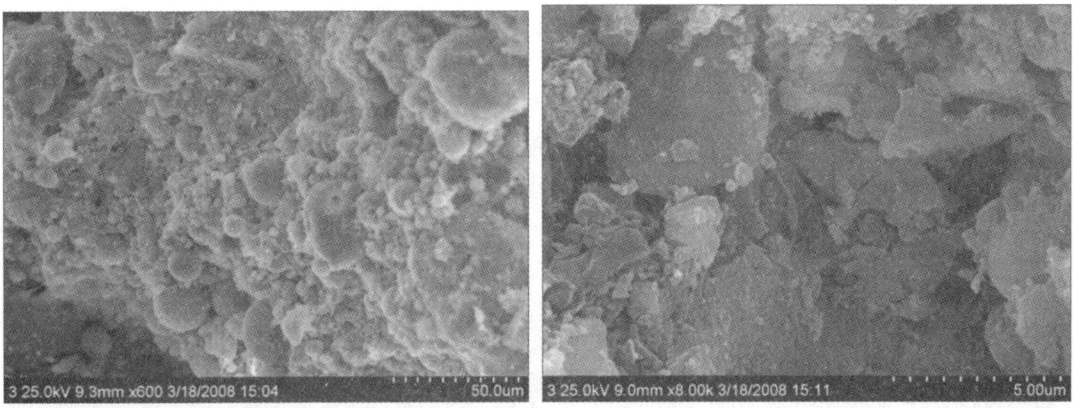

（a） （b）

图 3－18　水泥海排灰中海排灰加 1％氯离子养生 3d 的 SEM 图

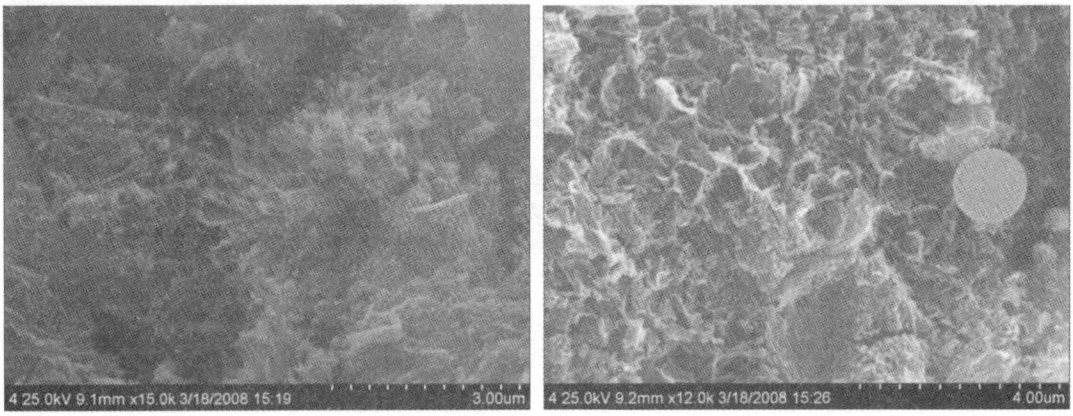

（a） （b）

图 3－19　普通粉煤灰制成的水泥海排灰混合料养生 3d 的 SEM 图

从图 3－17 可以看出：当水泥海排灰混合料中加入 0.5％氯离子时，大部分颗粒表面很光滑，与周围凝胶体连接不紧密，整体结构较松散，部分活性高的海排灰球状体表面被水化产物包围着，有少量的 Friedel 盐晶体和纤维状结晶物，但结晶物与和海排灰颗粒的黏结情况并不乐观，可以看到许多粉煤灰颗粒被拔出后的痕迹，并发现存在少量的氯化钠晶体，这说明混合料的水化产物不能完全固化海排灰中的氯离子，一部分氯离子以氯化钠晶体形式存在。

从图 3-18 可以看出：当水泥海排灰混合料中加入 1%氯离子时，其微观结构与图 3 相似，大部分颗粒表面很光滑，发现少量的 Friedel 盐晶体和结晶体，有大量的孔洞和裂缝存在，氯离子以氯化钠晶体形式存在。

将图 3-19 与图 3-16 相比，可以看出：当混合料采用普通粉煤灰作为结合料时，水化 3 天后，水泥的水化反应比图 2 的相对充分一些，开始出现一定范围的结晶，出现纤维状结构的晶体和一定数量的凝胶物质，说明普通粉煤灰的活性还是在一定程度上好于海排灰的活性；但生成的这些纤维状晶体互相胶结的情况并不是很好，仍有大量的孔洞和裂缝存在。

③ 不同氯盐含量的水泥海排灰材料 28d 扫描电镜分析

扫描电镜图片见图 3-20～图 3-23。

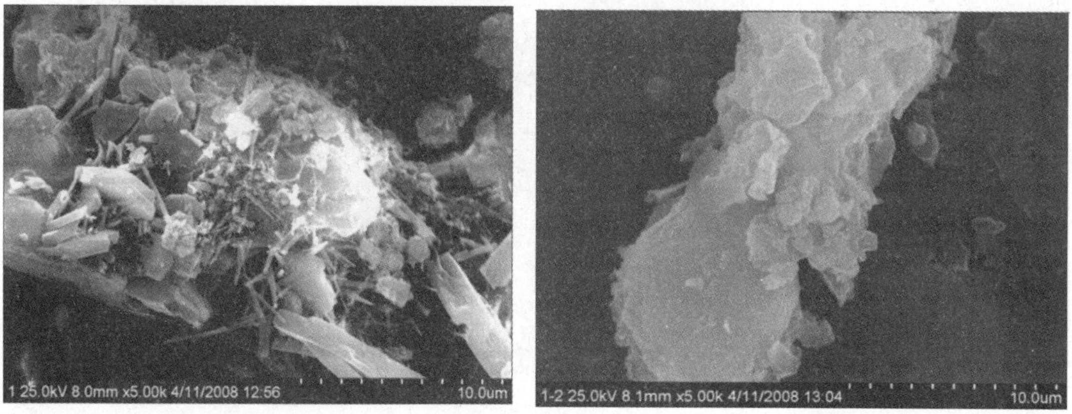

(a)　　(b)

图 3-20　水泥海排灰中海排灰不额外加氯离子养生 28d 的 SEM 图

(a)　　(b)

图 3-21　水泥海排灰中海排灰加 0.5%氯离子养生 28d 的 SEM 图

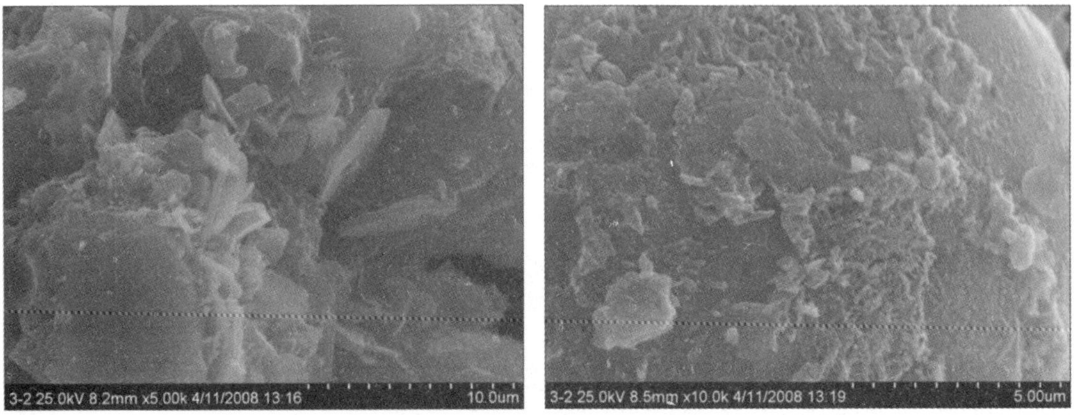

(a)　　　　　　　　　　　　　(b)

图 3－22　水泥海排灰中海排灰加 1%氯离子养生 28d 的 SEM 图

(a)　　　　　　　　　　　　　(b)

图 3－23　普通粉煤灰制成的水泥海排灰混合料养生 28d 的 SEM 图

对图 3－20～图 3－23 进行分析和比较，可以得到以下结论。

从图 3－20 可以看出：试件水化 28d 时，与水化 3d 时相比，随着水化的进行，海排灰球体表面不再光滑完整，已经有了火山灰反应的蚀痕。水化初期形成的纤维状结晶体已经随着水化反应的深入，逐步演变成针状、棒状、板状的晶体，这些晶体交错黏结在一起。图 3－20(b)可清楚地看见大量的凝胶物质包围在海排灰球状体表面，并依然有 CH 存在，连同其他凝胶物与海排灰球状体较好的黏结在一起。

从图 3－21 可以看出：当水泥海排灰混合料中加入 0.5%氯离子时，海排灰已经开始与水泥的水化产物发生火山灰反应，反应的生成物与其周边的其他凝胶物胶结在一起生成新的多孔的凝胶物质[图 3－21(a)]。

图 3－21(b)所示，在海排灰活性球状体的表面生成了大量针状的钙钒石晶体，当加入 0.5%氯离子时，在水化初期，氯离子被海排灰球状体吸附在其表面，完成初始固化，随着水化反应的进行，海排灰二次水化反应会吸收体系的 $Ca(OH)_2$，生成较多的 C—S—H

和水化铝酸钙。水化铝酸钙会与 Cl^- 离子及 $Ca(OH)_2$ 共同反应生成的 Friedel 盐；另一方面，C—S—H 会由于其巨大的比表面积，通过胶粒表面所带“负”动电荷产生的扩散双电层对氯盐中的正、负离子的吸附作用，而对 Cl^- 产生较强的吸附固化作用。

从图 3-22 可以看出：当水泥海排灰混合料中加入 1%氯离子时，海排灰已经开始与水泥的水化产物发生火山灰反应，但晶体大部分呈片状或板状，只有一小部分针状或柱状的晶体，晶体间的胶结情况也较图 3-20 和图 3-21 差一些。

图 3-22(b)所示，虽然海排灰球状体表面被大量的凝胶物质所包围，但未见钙钒石晶体的存在。这说明当水泥海排灰混合料中加入 1%氯离子后，混合料中大量的氯离子未能被水化物或凝胶材料完全固化，在混合料中大量存在游离状态的氯离子，对混合料的水化过程起到了一定的抑制作用。

将图 3-23 与图 3-20 相比，可以看出：当混合料采用普通粉煤灰作为结合料时，随着二次水化反应的进行，针状、棒状、板状的晶体依然清晰可见，这些晶体交错黏结在一起，一部分已经形成更多的凝胶物质。

图 3-23(b)充分显示了球状体之间的胶结情况，体现了海排灰颗粒之间胶结的过程：大部分水化产物开始时以凝胶出现在玻璃体的周围。随着龄期的增长，水化产物在过饱和溶液状态下以微晶体形式析出，并由玻璃体表面伸展到水泥石灰粉煤灰碎石固相间的空隙，相互联生，形成二维的结晶体网状结构，且联结固相颗粒成一整体，形成了很高的联结强度。

2. 水泥石灰海排灰(三灰)结合料的微观试验研究

(1)三灰材料 X 射线衍射分析(XRD 分析)

① 不同氯盐含量海排灰的三灰材料 3d 衍射结果分析

不同氯离子含量海排灰的水泥石灰海排灰(三灰)材料与普通粉煤灰的三灰材料的 3d X 射线衍射分析见图 3-24～图 3-27。

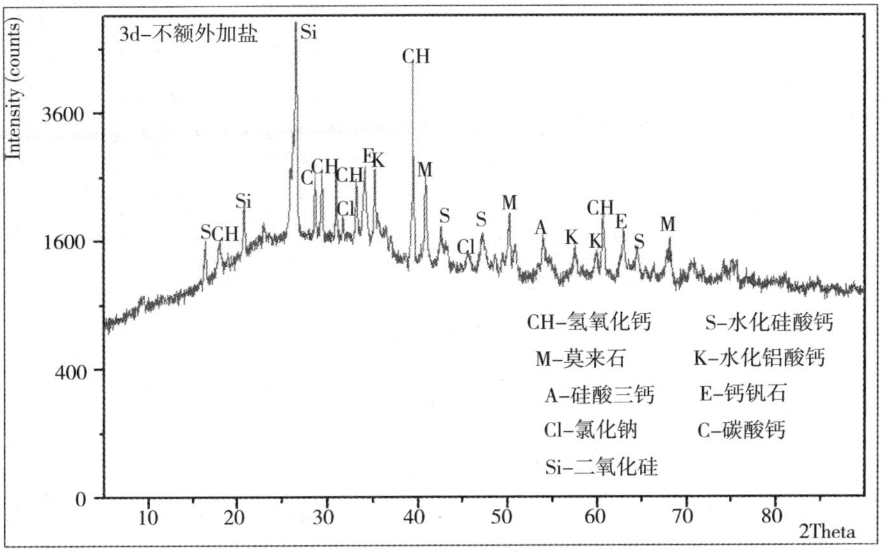

图 3-24　三灰中海排灰不额外加氯离子养生 3d 的 XRD 图

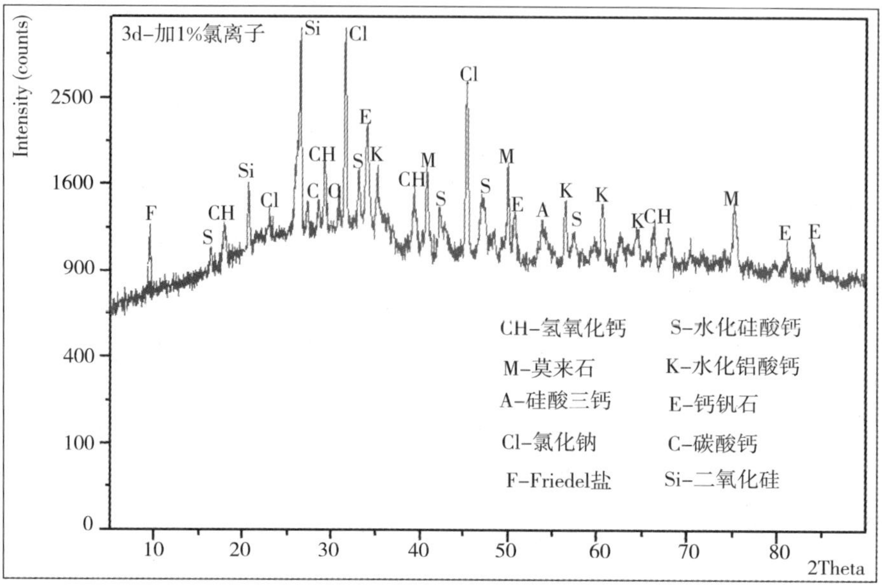

图 3-25　三灰中海排灰加 1%氯离子养生 3d 的 XRD 图

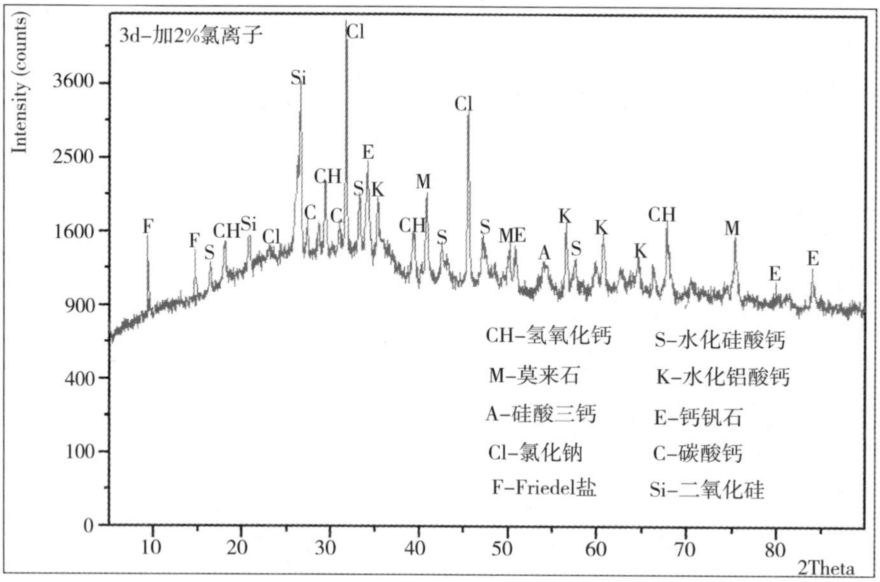

图 3-26　三灰中海排灰加 2%氯离子养生 3d 的 XRD 图

对图 3-24～图 3-27 进行分析和比较，可以得到以下结论。

从图 3-24 可以看出：在龄期为 3d 时，三灰混合料为水化反应初期，混合料的水化产物中氢氧化钙和未反应的二氧化硅的衍射峰还都比较强；开始出现了水化硅酸钙、水化铝酸钙、钙钒石、碳酸钙和未水化的硅酸三钙等晶体的衍射峰；并且发现少量 Cl^- 离子衍射峰，这是由于海排灰中本身存在的 Cl^- 离子在水化反应初期并没有被完全固化，所以 Cl^- 离子以氯化钠晶体的形式存在于三灰混合料之中。由于本试验采用的海排灰中氯离

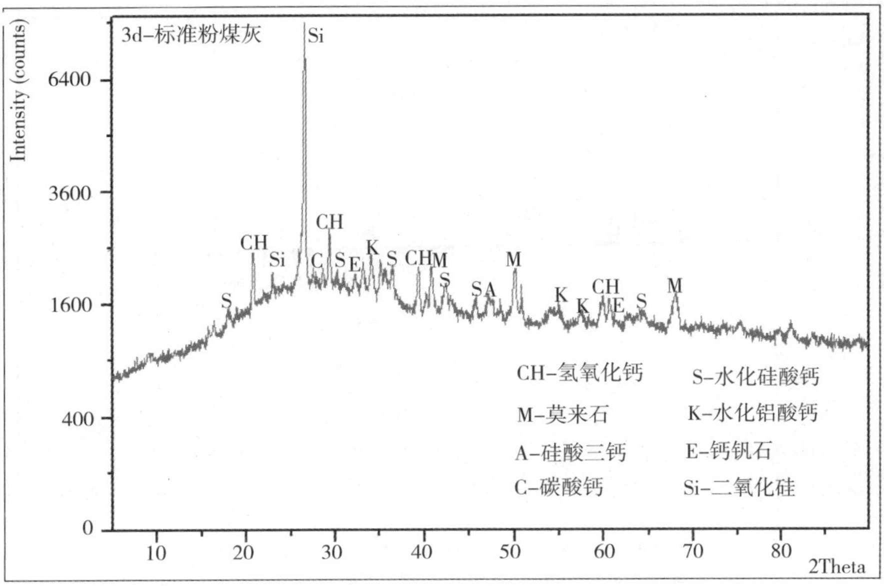

图 3-27 普通粉煤灰制成的三灰混合料养生 3d 的 XRD 图

子含量不大,不外掺氯离子时,并未发现有 Friedel 盐生成。

将图 3-25 与图 3-24 相比较可以看出:当水泥石灰海排灰混合料中加入 1%氯离子时,生成的水化产物基本和图 3-24 相同,氢氧化钙和未反应的二氧化硅的衍射峰强度都有所下降,而各种水化物的衍射峰都有所增强,这说明加入一定量的 Cl^- 对混合料的水化反应起到了一定的促进作用;并发现有新的晶体 Friedel 盐衍射峰,这是因为在水化反应初期水泥的水化产物 C_3A 相和 C-S-H 相对 Cl^- 发生化学固化而生成 Friedel 盐,这种盐晶体具有很好的稳定性和强度;发现氯化钠晶体的衍射峰有所加强,这说明 Cl^- 大部分依然以氯化钠晶体的形式存在于三灰混合料之中。

将图 3-26 与图 3-25 相比较可以看出:当水泥海排灰混合料中加入 2%氯离子时,生成的水化产物基本和图 3-25 相同,但各晶体的衍射峰强度普遍低于图 3-25;Friedel 盐的衍射峰强度几乎与图 3-25 相同,但可以明显看出氯化钠晶体的衍射峰有所加强、增多,这说明在混合料水化反应初期,水化产物形成的凝胶物不论以化学固化还是物理固化形式都不能完全固化过多的氯离子含量,氯离子一旦以氯化钠晶体的形式游离于混合料之中,势必会对水化反应的顺利进行起到阻碍作用。

将图 3-27 与图 3-24 相比较可以看出:当混合料采用普通粉煤灰作为结合料时,二灰混合料的水化产物与图 3-27 基本相同,图 3-27 的氢氧化钙的衍射峰强度稍高一些,其他水化物的衍射峰强度图 3-27 也不比图 3-24 高出多少,这说明海排灰材料与普通粉煤灰材料性质上相差不大。

② 不同氯盐含量海排灰的三灰材料 28d 衍射结果分析

不同氯离子含量海排灰的水泥石灰海排灰(三灰)材料与普通粉煤灰的三灰材料的 28d X 射线衍射分析见图 3-28~图 3-31。

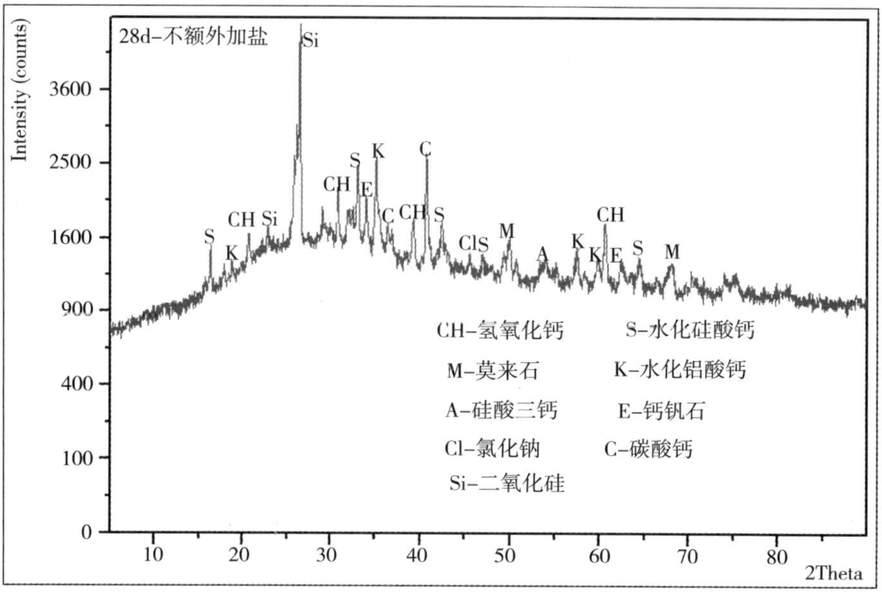

图 3-28　三灰中海排灰不额外加氯离子养生 28d 的 XRD 图

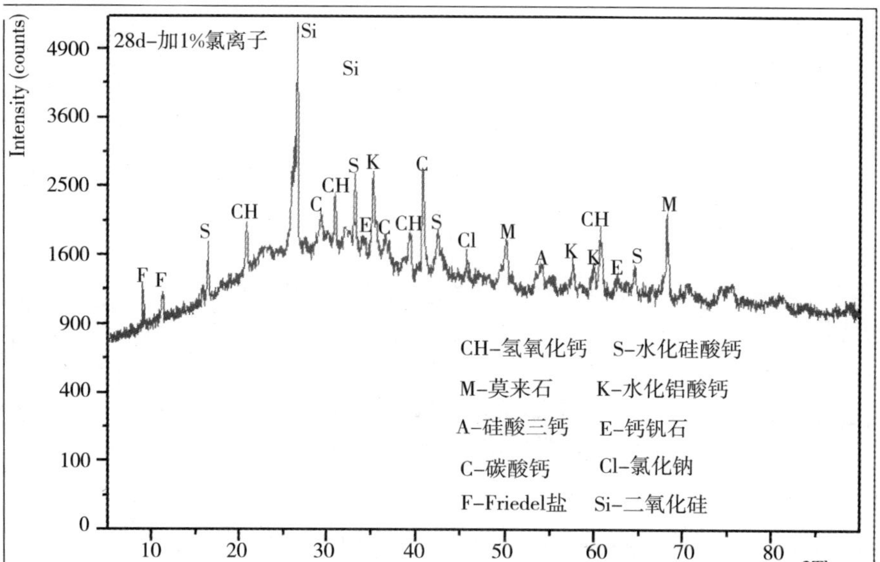

图 3-29　三灰中海排灰加 1%氯离子养生 28d 的 XRD

对图 3-28～图 3-31 进行分析和比较，可以得到以下结论。

从图 3-28 可以看出：在龄期为 28d 时，随着水化时间的延长，氢氧化钙的衍射峰强度明显下降，二氧化硅、莫来石和硅酸三钙的衍射峰强度也略有下降，并发现钙钒石的衍射峰强度有所加强，同时生成的水化硅酸钙、水化氯酸钙、碳酸钙等凝胶体的衍射峰越来越多，这说明随着火山灰反应的发生，混合料中形成了更多稳定的水化产物。由于本试验采用的海排灰中氯离子含量不大，不外掺氯离子时，并未发现有 Friedel 盐生成。

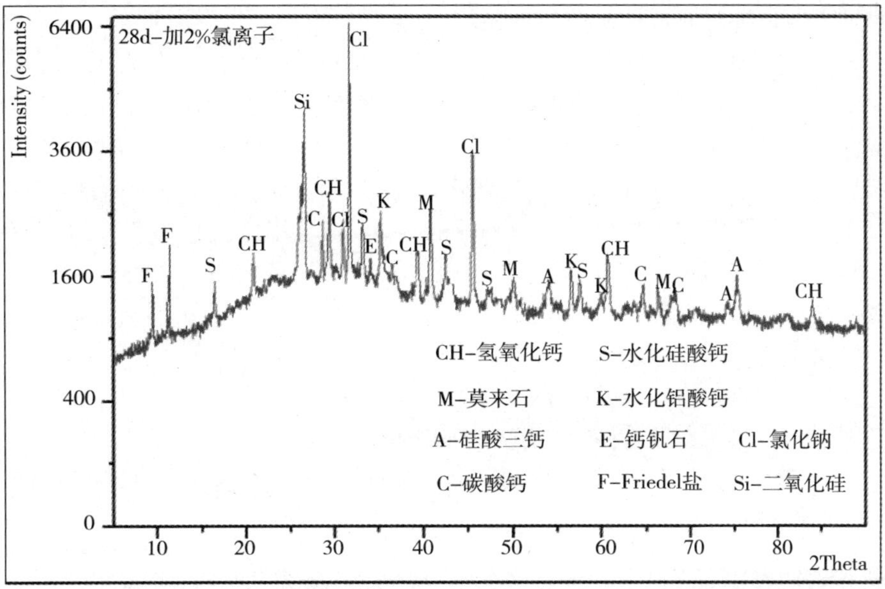

图 3-30 三灰中海排灰加 2%氯离子养生 28d 的 XRD 图

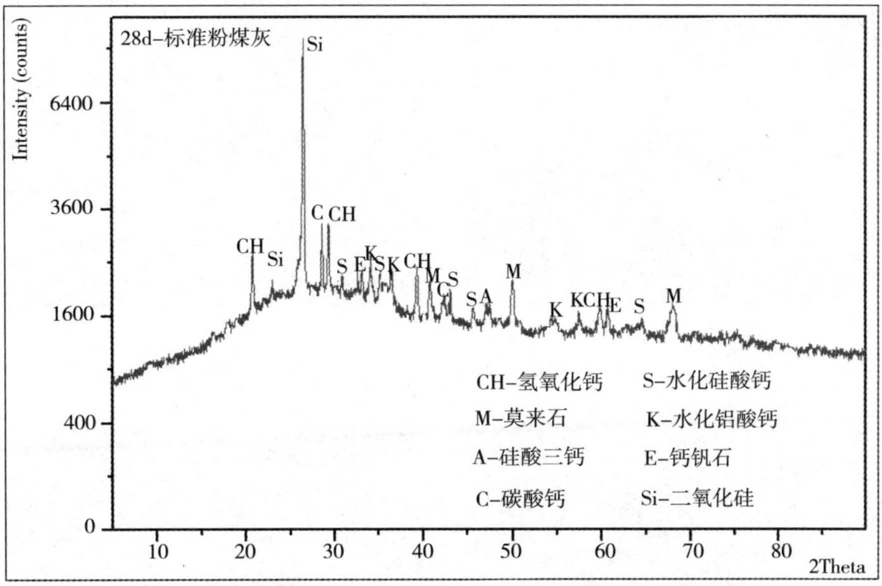

图 3-31 普通粉煤灰制成的三灰混合料养生 28d 的 XRD 图

将图 3-29 与图 3-28 相比较可以看出：当水泥海排灰混合料中加入 1%氯离子时，生成的水化产物基本和图 3-28 相同，氢氧化钙和未反应的莫来石的衍射峰强度都有所下降，而各种水化物的衍射峰都有所增强；尤其是碳酸钙和钙矾石晶体的衍射峰强度也有所增长，这对整体强度贡献很大；发现氯化钠晶体的衍射峰有所减弱，并发现有新的晶体 Friedel 盐生成，这部分 Friedel 盐除了为早期水泥的水化产物 C_3A 相和 C-S-H 相对 Cl^- 发生化学固化而生成以外，一部分由火山灰反应生成的 C_3A 相和 C-S-H 相与

Cl^-发生化学固化而生成，这种盐晶体具有很好的稳定性和强度，氯离子被固化，只有一小部分的氯离子以氯化钠晶体的形式存在于混合料之中。

将图3－30与图3－29相比较可以看出：当水泥海排灰混合料中加入2%氯离子时，生成的水化产物基本和图3－29相同，各晶体的衍射峰强度普遍略低于图3－29，同样有Friedel盐生成。但发现氯化钠晶体的衍射峰明显加强、增多，这说明随着Cl^-的加入，Cl^-含量过高，混合料中一部分Cl^-未被固化，在混合料中以氯化钠晶体的形式存在。

将图3－31与图3－28相比较可以看出：当混合料采用普通粉煤灰作为结合料时，二灰混合料的水化产物与图3－28基本相同，图3－31的氢氧化钙的衍射峰强度稍高一些，其他水化物的衍射峰强度图3－31也不比图3－28高出多少，这说明海排灰材料与普通粉煤灰材料性质上相差不大。

(2)三灰材料扫描电镜(SEM)分析

① 不同氯盐含量的三灰材料早期(3d)扫描电镜分析

不同氯离子含量的水泥石灰海排灰(三灰)材料与普通粉煤灰材料的扫描电镜图片见图3－32～图3－35。

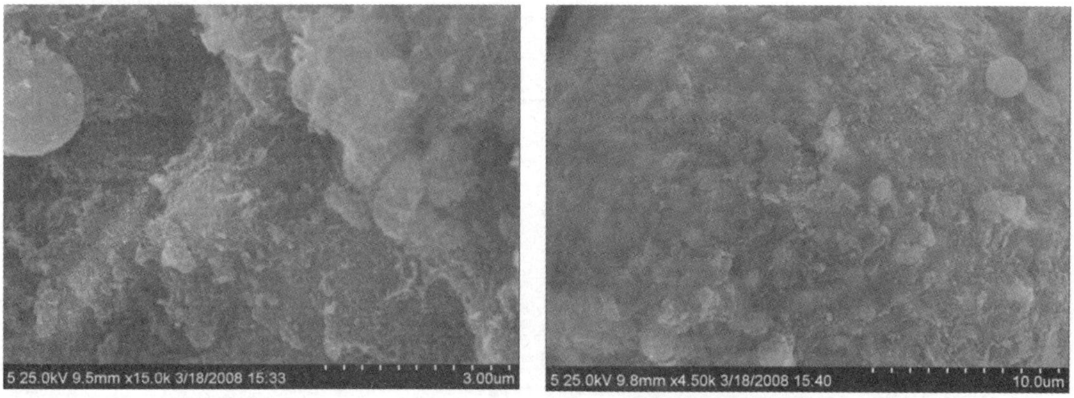

(a)　　(b)

图3－32　三灰中海排灰不额外加氯离子养生3d的SEM图

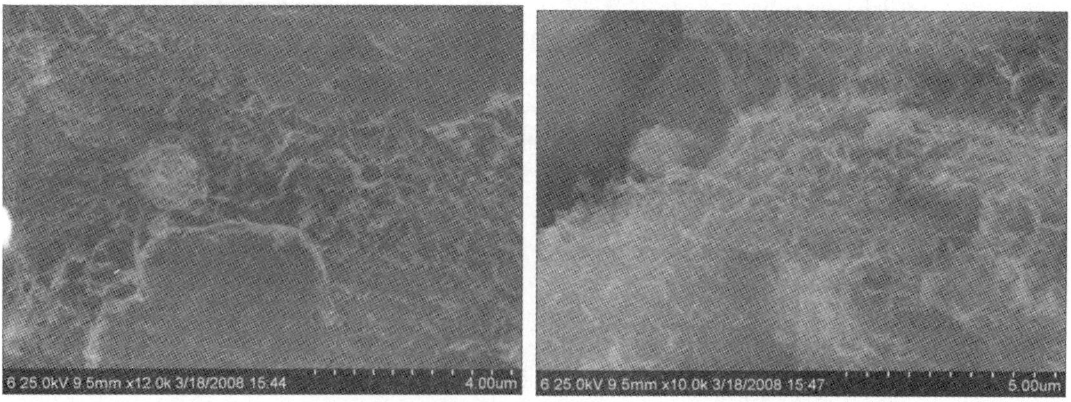

(a)　　(b)

图3－33　三灰中海排灰加1%氯离子养生3d的SEM图

(a)　　　　　　　　　　　　(b)

图 3-34　三灰中海排灰加 2%氯离子养生 3d 的 SEM 图

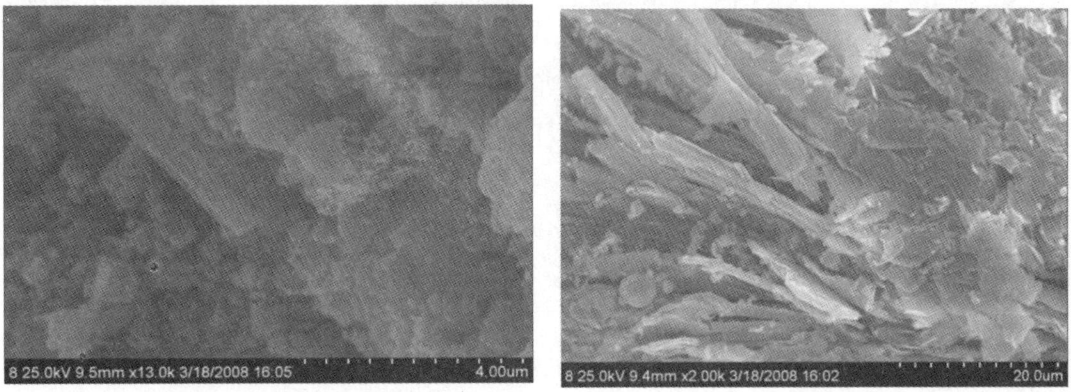

(a)　　　　　　　　　　　　(b)

图 3-35　普通粉煤灰制成的三灰混合料养生 3d 的 SEM 图

对图 3-32～图 3-35 进行分析和比较，可以得到以下结论。

从图 3-32 可以看出：试件水化 3d 时，绝大部分海排灰没有发生火山灰反应，但球状体表面并不光滑，之间的联系也比较紧密，这是由于石灰发生了重结晶作用，石灰遇水之后会不断溶解，达到过饱和时产生胶体化现象，析出 $Ca(OH)_2$ 微晶体。在胶体分散相自发聚集的作用下，逐渐形成大的晶体颗粒，这种新生晶体一方面起胶结作用，一方面形成所谓的晶体空间网架结构，促进三灰材料的早期强度的形成。

从图 3-33 可以看出：当水泥石灰海排灰混合料中加入 1%氯离子时，水化反应进一步进行，$Ca(OH)_2$ 微晶体进一步不断的析出，发生了离子吸附和交换作用，海排灰活性球状体表面粗糙和发现蚀痕。

从图 3-33(b)还可以看出：在球状体周围已经有新的凝胶物质生成，并当达到过饱和状态时，有新的晶体析出，这些凝胶物质将新析出的晶体和未能完全水化的其他物质粘结在海排灰球状体周围，提高了结构的整体性。

从图3-34可以看出：当水泥石灰海排灰混合料中加入2%氯离子时，石灰随着水化作用发生了重结晶作用，也能够发现$Ca(OH)_2$微晶体的析出，但其他凝胶物质显然数量不足，导致球状体不能很好地胶结一起，结构体比较松散。这说明混合料中过多未能完全固化的游离氯离子，它的存在对混合料的初期强度起到了一定的抑制作用。

将图3-35与图3-32相比较可以看出：当混合料采用普通粉煤灰作为结合料时，混合料的结晶情况普遍比较明显，一般呈片状，这些晶体交错粘结在一起，一部分已经形成更多的凝胶物质。

② 不同氯盐含量海排灰的三灰材料28d扫描电镜分析

扫描电镜图片见图3-36～图3-39。

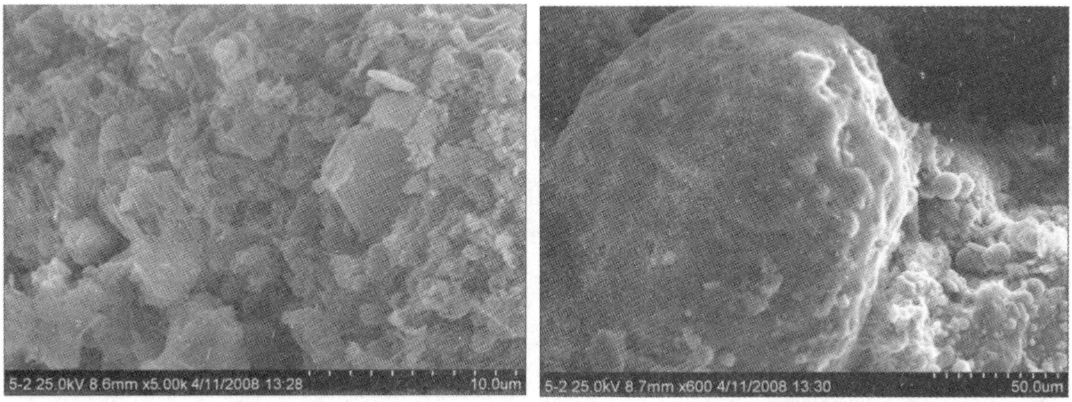

(a) (b)

图3-36 三灰中海排灰不额外加氯离子养生28d的SEM图

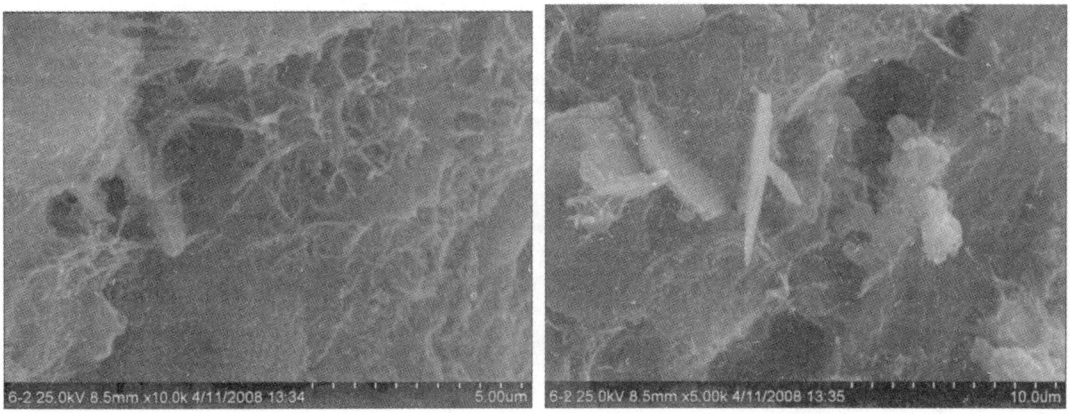

(a) (b)

图3-37 三灰中海排灰加1%氯离子养生28d的SEM图

(a)　　　　(b)

图 3－38　三灰中海排灰加 2%氯离子养生 28d 的 SEM 图

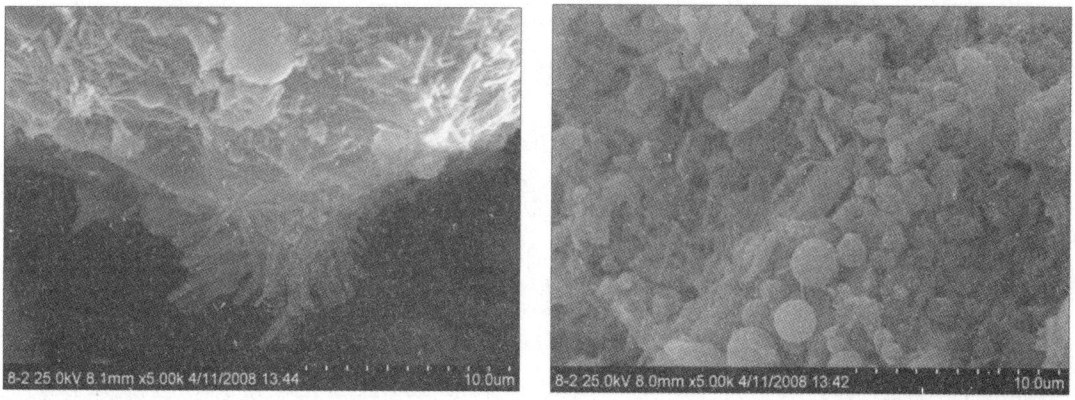

(a)　　　　(b)

图 3－39　普通粉煤灰制成的三灰混合料养生 28d 的 SEM 图

对图 3－36～图 3－39 进行分析和比较，可以得到以下结论。

从图 3－36 可以看出：试样水化 28d 时，与水化 3d 时相比，海排灰已经开始发生火山灰反应，石灰和水泥的水化反应也进行的相对充分了一些，针状、棒状、片状的结晶体已经陆续的析出，连同其他凝胶物质胶结在一起，整体性有所加强。

从图 3－37 可以看出：当水泥海排灰混合料中加入 0.5%氯离子时，各种形态的晶体也均有发现，并且结构更加紧密，其中针状的钙钒石晶体居多。

图 3－37(b)所示，在海排灰活性球状体的表面生成了大量针状的钙钒石晶体，当加入 1%氯离子时，在水化初期，氯离子被海排灰球状体吸附在其表面，完成初始固化，随着水化反应的进行，海排灰二次水化反应会吸收体系的 $Ca(OH)_2$，生成较多的 C－S－H 和水化铝酸钙。水化铝酸钙会与 Cl 离子及 $Ca(OH)_2$ 共同反应生成板状的“Friedel 盐”：单氯型水化氯铝酸钙（$3CaO \cdot Al_2O_3 \cdot CaCl_2 \cdot 10H_2O$）和三氯型水化氯铝酸钙（$3CaO \cdot Al_2O_3 \cdot 3CaCl_2 \cdot 32H_2O$）；另一方面，C－S－H 会由于其巨大的比表面积，通过胶粒表面所带“负”动电荷产生的扩散双电层对氯盐中的正、负离子的吸附作用，而对 Cl^- 产生较强

的吸附固化作用。

从图 3－38 可以看出：当水泥海排灰混合料中加入 2％氯离子时，海排灰已经开始与水泥的水化产物发生火山灰反应，在球状体表面晶体大部分呈片状或针状，并且凝胶物质生成的较少，晶体间的胶结情况不理想，结构比较松散。

图 3－38(b)所示，虽然海排灰球状体表面并没有被大量的凝胶物质全部包围，未见大量钙钒石晶体的存在，也没有发现 Friedel 盐的生成。这说明当水泥石灰海排灰混合料中加入 2％氯离子后，混合料中大量的氯离子未能被水化物或凝胶材料完全固化，在混合料中大量存在游离状态的氯离子，对混合料的水化过程起到了一定的抑制作用。

将图 3－39 与图 3－36 相比，可以看出：当混合料采用普通粉煤灰作为结合料时，随着火山灰反应的不断进行，针状、棒状、板状的晶体依然清晰可见，这些晶体交错粘结在一起，一部分已经形成更多的凝胶物质胶结在球状体表面，一部分已将球状体之间粘结在了一起，说明普通粉煤灰的活性还是在一定程度上大于海排灰。

3.5 本章小结

本章主要进行了海排灰中氯盐含量对结合料影响的微观试验研究。分析了不同氯盐含量海排灰组成水泥海排灰结合料、三灰结合料，养生 3d 和 28d 时的微观结构和生成的新物质。通过微观试验研究，揭示了在水泥海排灰、三灰材料强度形成过程中，氯离子对水化、火山灰产物形成过程的影响。具体内容如下：

(1)通过对海排灰的水泥海排灰结合料、三灰结合料与普通粉煤灰的水泥粉煤灰、三灰结合料养生 3d，28d 的 X 射线衍射分析得到，普通粉煤灰的水泥海排灰结合料养生 3d 时，氢氧化钙的衍射峰强度稍高一些，其他物质的衍射峰强度相差不大。海排灰中如不额外加氯离子，由于本试验采用的海排灰中氯离子含量不大，不外掺氯离子时，结合料养生 3d，28d 时，并未发现有 Friedel 盐生成，说明 Friedel 盐生成量与混合料中氯离子的含量有很大关系。

(2)通过对不同氯离子含量海排灰的水泥海排灰结合料、三灰结合料养生 3d，28d 的 X 射线衍射分析发现，在龄期为 3d 时，不额外掺氯盐的水泥海排灰混合料水化产物中，氢氧化钙和未反应的莫来石的衍射峰都比较强，而且还出现了水化硅酸钙、水化铝酸钙、钙钒石和未水化的硅酸三钙等晶体的衍射峰。当在海排灰中额外加入氯离子时，发现 NaCl 晶体的衍射峰有所加强，并且未发现含 Cl^- 水化物晶体；从普遍的衍射峰强度下降来看，未固化完全的 Cl^- 对混合料的水化反应起到了一定的抑制作用。在龄期为 28d 时，随着水化时间的延长，所有结合料氢氧化钙的衍射峰强度明显下降，莫来石和硅酸三钙的衍射峰强度也略有下降，同时生成的水化硅酸钙等凝胶体的量越来越多，并发现钙钒石的衍射峰强度有所加强。当在海排灰中额外加入氯离子时，生成的水化产物基本和不掺氯离子水泥海排灰相同，但各晶体的衍射峰强度普遍偏高；发现氯化钠晶体的衍射峰有所减弱，有新的晶体“Friedel”盐生成。这种盐晶体具有很好的强度，氯离子被固化，所以试件宏观强度会有所提高。

(3)通过对海排灰的水泥海排灰结合料、三灰结合料与普通粉煤灰的水泥海排灰结合料、三灰结合料养生3d,28d扫描电镜分析得到:结合料养生3d时,普通粉煤灰结合料的水化反应比海排灰结合料的水化反应充分一些,开始出现一定范围的结晶,出现纤维状结构的晶体和一定数量的凝胶物质,而绝大部分海排灰结合料没有发生火山灰反应、颗粒表面很光滑,与周围凝胶体连接不紧密。结合料养生28d时,普通粉煤灰结合料的水化产物在过饱和溶液状态下以微晶体形式析出,并由玻璃体表面伸展到水泥石灰粉煤灰碎石固相间的空隙,相互联生,形成二维的结晶体网状结构,且联结固相颗粒成一整体,形成了很高的联结强度,而海排灰球体表面也不再光滑完整,已经有了火山灰反应的蚀痕,其水化产物没有普通粉煤灰结合料的丰富。这说明普通粉煤灰的活性好于海排灰的活性,但海排灰结合料也能发生水化和火山灰反应,只是形成过程稍慢了一些。

(4)通过对不同含盐量海排灰的水泥海排灰结合料、三灰结合料养生3d,28d扫描电镜分析得到:结合料的含盐量越多,凝胶物质的生成量越少,试样越松散。说明海排灰氯盐含量多大,氯离子不能被完全固化,游离的氯离子抑制的结合料之间的水化和火山灰反应。

(5)本章还分析了海排灰中粉煤灰与水泥、石灰基结合料的化学反应;探讨了粉煤灰-水泥体系对海排灰中氯离子的固化机理。通过研究知道在水化产物中,对氯离子固化起关键作用的水化产物主要有两个:一个是水化铝酸钙晶体(C_3AH_6),另一个是水化硅酸钙凝胶体(C-S-H gel)。氯离子与水化铝酸钙晶体结合生成所谓“Friedel 盐”即[$3CaO \cdot Al_2O_3 \cdot CaCl_2 \cdot 10H_2O$];而对氯离子固化比水化铝酸钙更为重要的水化产物是C-S-H gel。C-S-H gel凝胶具有非常大的比表面积,因此具有较高的表面能,像氯离子这样活泼的离子极易被其吸附于表面,从而对氯离子起到固化作用。

第四章　海排灰氯盐含量对基层及底基层材料路用性能影响研究

基层、底基层的强度和稳定性对整个路面，特别是沥青路面的强度、使用质量和使用寿命都有十分重要的影响。因此，作为路面的基层及底基层，无论是水泥混凝土路面还是沥青路面都要保证在设计使用年限内，不会产生过多的残余变形，更不会产生剪切破坏或弯拉疲劳破坏[10]。要满足上述要求，除必须的厚度要求以外，主要取决于基层材料本身的性能及结构组成。通过第三章的研究知道了海排灰的中的氯盐可以参与水泥海排灰结合料、三灰结合料的微观反应，从而影响基层、底基层材料的宏观路用性能。但这种影响到底有多大，路用性能变化能不能满足道路规范的要求，这是本章研究的核心。

为了弄清海排灰中的氯盐含量对基层、底基层路用性能的影响，本章从不同龄期各项力学性能指标、抗冻性指标、抗收缩以及抗冲刷等路用性能指标来研究不同氯盐含量混合料的路用性能，并研究其变化规律。着重把相同龄期下不同氯盐含量的混合料试件的路用性能进行对比分析，从而确定海排灰含氯盐量容许范围。

4.1　试验方案与方法

4.1.1　试验方案

这里用来进行水泥海排灰碎石、三灰碎石路用性能试验的所有海排灰，经检测，其中氯离子的含量为0.8%。

1. 配合比

① 基层材料：水泥海排灰稳定碎石中，结合料与集料的比例采用15∶85，水泥与海排灰的比例采用5∶10，集料级配采用连续级配范围中值见表2-7中的级配－Ⅰ。

② 底基层材料：水泥石灰海排灰稳定碎石中，结合料与集料的比例采用55∶45，水泥、石灰、海排灰的比例采用2∶10∶43，集料级配采用《公路沥青路面施工技术规范》石灰稳定类推荐集料集配中值。

2. 试件尺寸、龄期

① 抗压强度：尺寸——15cm×15cm圆型试件，龄期——7d，28d；

② 抗冻性试件：尺寸——15cm×15cm 圆型试件，龄期——28d；

③ 干缩试件：尺寸——10cm×10cm×40cm 梁式试件，龄期——7d；

④ 温缩试件：尺寸——10cm×10cm×40cm 梁式试件，龄期——28d；

⑤ 冲刷试件：尺寸——15cm×15cm 圆型试件，龄期——28d。

半刚性基层竣工的初期，很容易因为含水量的散失而产生干缩裂缝，因此干缩性能的试验选用 7d 龄期。当半刚性基层上铺筑沥青面层后，基层内的相对湿度略有增大，材料的含水量趋于平衡，这时半刚性基层的变形将以温度收缩为主，故温缩性能的试验选用 28d。早期冲刷破坏很少见，参考文献[2]，冲刷性能试验选择 28d 龄期。

3. 试件制备

首先分别确定不同混合料的最大干密度和最佳含水量，接着在 98%压实度和最佳含水量的条件下，由静压法成型，最后置于 20℃±2℃的环境温度中进行湿气养生。

4.1.2　试验方法

目前，路用性能试验方法除无侧限抗压强度试验、抗冻性能试验外，还没有统一试验标准和评价指标，本研究许多路用性能试验方法为自行设计。

1. 无侧限抗压强度试验

无侧限抗压强度是基层、底基层混合料室内试验研究的主要内容，也是表征基层、底基层材料路用性能重要技术指标之一。本书按照《公路工程无机结合料稳定材料试验规程》进行试验。进行无侧限抗压强度试验时，将试件放在路面材料强度仪的升降台上，试验过程中应使试件的变形等速增加，并保持速率约为 1mm/min，记录试件破坏的最大压力。

2. 抗冻性能试验

本书抗冻性能试验方法为：采用 28d 龄期的试件经 18℃～－18℃的 5 次冻融循环后的残留抗压强度与 28d 龄期的抗压强度之比进行评价。试验方法为在－18℃±1℃下，冻 16h，再在常温 18℃±1℃下，融化 8h，即 24h 作为一次冻融循环，经 5 次冻融循环后，测试试件残留强度，并按下式(4－1)计算残留强度比：(94 规范中无抗冻性能试验，09 规范中抗冻性能试验与下文所述不同之处为融化条件为 20℃±1℃的水槽融化)

$$f_m=\frac{f_{m2}}{f_{m1}}\times 100 \tag{4-1}$$

式中：f_m——5 次冻融循环后的残留强度比(%)；

f_{m1}——未经冻融试件的饱水抗压强度平均值(MPa)；

f_{m2}——经 5 次冻融循环后的试件饱水抗压强度平均值(MPa)。

3. 干缩性能试验

关于我国道路结构常用的半刚性基层材料的干缩特性，94 规范还没有统一的测定标准。试验方法标准也不一样。本试验步骤与 09 规范内容差异不大。主要存在于以下三方面：(1)试件尺寸、数量不同，09 规范中小梁试样模型尺寸为 5cm×5cm×20cm，试件数量 6 个为一组，3 个试件用来测定材料的收缩变形，另外预留 3 个试件用于测定材料的干缩失水率；(2)试验中室内温度要求不同，09 规范中室内控制温度 20℃±1℃；(3)读数时间不同，09 规范中要求试验开始的一星期内每天读数一次，7d 以后每两天读数一次，到一个月后，于 60d，90d，120d，180d 读数；)。

本章按照重型击实试验所确定的最大干密度和最佳含水量，将称量拌制好的混合料分 3 层装入自行设计的 5cm×5cm×24cm 小梁试模中，每层分别进行捣实，然后用压力机静压成型，到水泥初凝时间后脱模，得到小梁试件，每种混合料平行试件数量为 3 个，成型好的试件用塑料袋密封，放在标准养护室中进行保湿养生。

本次试验利用千分表测量小梁试件在一定失水率下的收缩变形如图 4-1 所示。

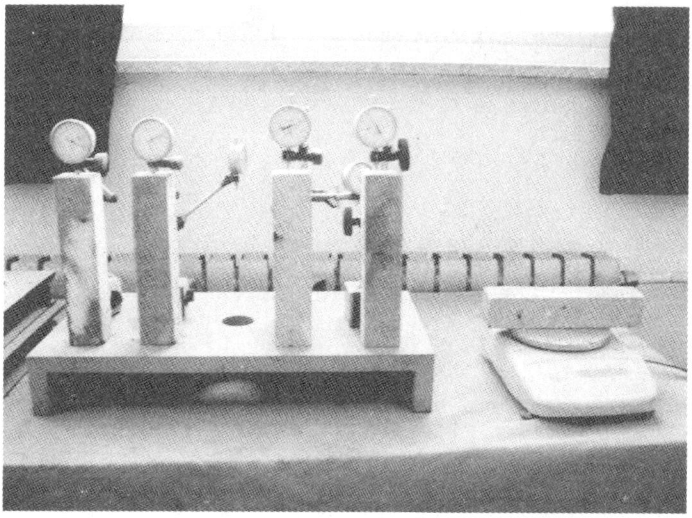

图 4-1　水泥海排灰碎石混合料干缩特性试验

每组混合料做 3 个试件，2 个做收缩形变测量，另一个做失水率的测定。试件经过 7d 保湿养护后取出。把试件编号，安装测量装置。本次试验室内温度基本保持在 15℃～20℃。从试验开始之后的 2h，4h，8h，12h，24h，48h，之后每天都读取一次数据，观测不同试件随着风干时间增加其重量变化和收缩变形。直至试件含水量不再减小，体积基本保持不变为止。然后根据累计干缩变形(式 4-2)计算干缩系数：

$$\alpha_d = \frac{\sum \varepsilon_{di}}{\sum \varepsilon_{ai}} \tag{4-2}$$

式中：α_d—— 干缩系数；

$\sum \varepsilon_{di}$—— 累计干缩变形；

$\sum \varepsilon_{ai}$—— 失水量。

4. 温缩性能试验

温缩试验 94 规范没有统一标准，本试验验方法与《公路工程无机结合料稳定材料试验规程》JTG E51—2009 规范中温缩试验中应变片法无明显差异。研究方法为：试件到预定龄期时，从养生室中取出，放入温度为 105℃的烘箱中烘 12h。烘干之后首先用电动砂轮轻轻地磨光表面，再用电吹风吹掉表面遗留的石屑。然后拌适量的胶粘剂于试件的中部，用稍硬的塑料纸沿着试件长度的方向在试件的中部抹上一薄层稍长稍宽于电阻应变片的胶粘剂。胶越薄越好，以免影响测量精度。之后将应变片展贴在尽量与试件长度平行的中部位置上。考虑到试件不可避免的非匀质性和不完全密实性，测试时应选用长标距 8cm 应变片，以期测出较长范围内的平均应变。另外，选择应变片时应该注意阻值相同，因为所用静态电阻应变仪的测量桥是按照标准阻值设计的等臂电桥。如果应变片的阻值不同，应变仪读数必须按照使用说明书中给出的修正曲线加以修正。为了防止在恒温箱中摆放试件时，应变片的两个引出线不慎接触，可在引出线一端贴上一个类似于插座功能的接头，并将引出线分别焊在接头的两个对称点。之后等待一两个小时，将试件放入恒温箱中进行连线[10]。

在将作为标准材料的试件粘贴合适应变片并接入线路之后，关闭恒温箱的箱门，并将恒温箱的初始温度设定为 10℃。到达设定温度后恒温两小时，将全部测点的读数在两小时末调零，然后开始按 5℃的温度间隔降温。到达所需温度后同样恒温两小时，再用电脑自动采集的应变读数稳定后，储存各测点的应变值，再往下一温度降温。如此循环测定，一直测到所要求的最低温度即－20℃为止。尽量将不同混合料的同一批试件一次性地放入恒温箱中进行测试，只有这样，各方面因素引起的随机误差对不同试件测量精度的影响才能基本一致，试件的测量数据才更具有可比性。温缩系数测试接线示意图如图 4－2 所示。收缩系数测试系统如图 4－3 所示。

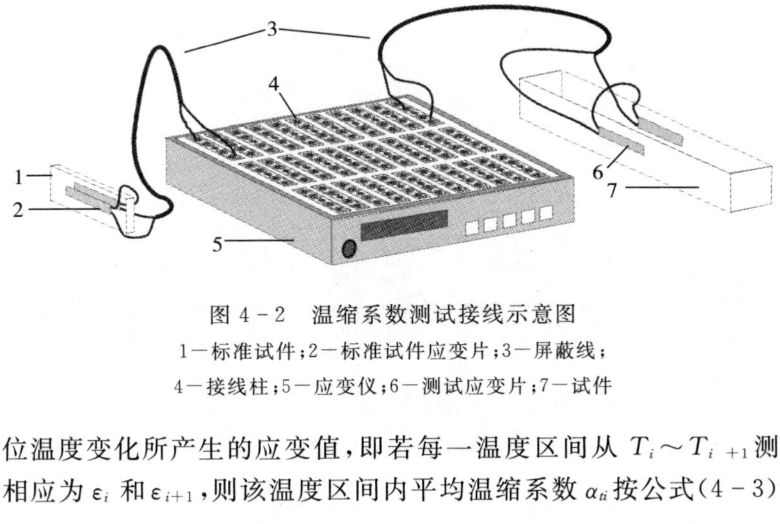

图 4－2　温缩系数测试接线示意图

1—标准试件；2—标准试件应变片；3—屏蔽线；

4—接线柱；5—应变仪；6—测试应变片；7—试件

计算单位温度变化所产生的应变值，即若每一温度区间从 $T_i \sim T_{i+1}$ 测定的材料温度收缩应变相应为 ε_i 和 ε_{i+1}，则该温度区间内平均温缩系数 α_{ti} 按公式(4－3)计算。

$$\alpha_{ti}=\frac{\varepsilon_{i+1}-\varepsilon_i}{T_{i+1}-T_i}+\beta=\frac{\Delta\varepsilon}{\Delta T}+\beta \qquad (4-3)$$

式中：ΔT——温差，℃；

$\Delta\varepsilon$——ΔT 内应变差，10^{-6}；

β——标准材料的温度收缩系数，10^{-6}/℃。

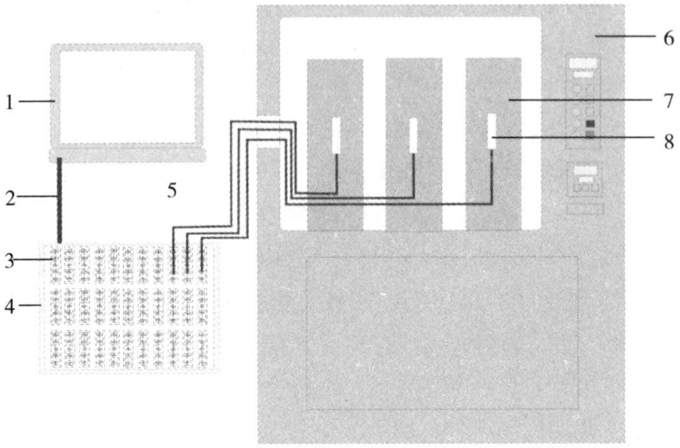

图 4-3 收缩系数测试系统

1—计算机;2—接口线;3—接线柱;4—应变仪;
5—屏蔽线;6—低温箱;7—测试试件;8—应变片

5. 抗冲刷性能试验

本试验为自行设计,在频率为 60Hz 震动台上安装了一个塑料容器,内径为 300mm,外径为 320mm,高度为 280mm,在容器顶部安装了一个反力支架来固定试件,试验模型见图 4-4 所示。进行试验时,开动震动台的电源,使容器内的水产生水动力,模拟水对海排灰材料的冲击作用。试验设备见图 4-5。

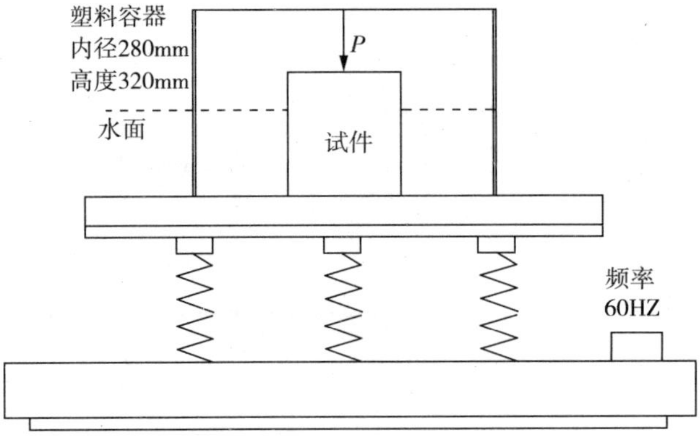

图 4-4 冲刷试验模型

试验过程:(1)将饱水后的试件从水中取出,擦干表面的水分,称重;(2)把准备好的试件放入筒内,通过专用夹具将试件固定于筒底面,然后将自制塑料筒固定在振动台上;(3)向塑料筒中注入清水,水面高为试件高度 0.5 倍;(4)开启震动台开始试验,第一次冲刷时间 3 min 为预冲刷,目的是将试件表面未粘结的粒料冲刷掉,以免影响冲刷结果,此阶段不记入冲刷时间范围内,以后每 5 min 为一个阶段,当第一个阶段冲刷完成后,将试验冲刷下的材料倒入金属盆中进行沉淀,将冲刷掉的粒料放在常温下让水自然蒸发,然后称其质量并做记录;重新向塑料筒中加入清水,继续进行第二个阶段的冲刷试验,如此进行，共做 5 个阶段，共计 25 min。为了研究方便，本书引进冲刷率 ζ 这个概念作为评价海排灰材料抗冲刷性能的技术指标，见公式(4－4)所示：

$$\zeta=\frac{m_1}{m_0}\times 100\% \tag{4-4}$$

式中：m_1——各个阶段试件冲刷掉质量之和(g)；

m_0——试件总质量(g)。

图 4－5　自行设计的冲刷试验设备

4.2　氯盐含量对水泥海排灰碎石基层材料路用性能的影响

4.2.1　海排灰氯盐含量对基层强度的影响

半刚性基层道路设计的理念是强基薄面，由于面层沥青混凝土设计只有 10cm 左右，基层承担的汽车荷载很大，因此，基层强度指标是评定基层路用性能优劣的重要指标[7]。基于海排灰的水泥海排灰稳定碎石基层材料的后期强度已经在第二章路用性能试验里阐述了，这里为了比较不同氯盐含量的水泥海排灰稳定碎石材料路用性能差异，仅进行 7d，28d 无侧限抗压强度试验。

本研究中水泥海排灰碎石采用配合比为水泥：海排灰：碎石＝5：10：85；海排灰额外掺入 0.5%氯离子和 1.0%氯离子的方法，来研究海排灰氯盐含量对基层强度的影响。掺入氯离子途径主要是掺入氯化钠来实现的。7d，28d 无侧限抗压强度试验结果见表 4－1 和图 4－6。

表 4－1　水泥海排灰碎石不同氯盐含量 7d,28d 无侧限抗压强度

配合比	试件类型	强度代表值(MPa)	
		7d	28d
水泥∶海排灰∶碎石（5∶10∶85）	海排灰不额外掺氯离子	2.85	3.74
	海排灰额外掺 0.5％氯离子	2.61	4.14
	海排灰额外掺加 1％氯离子	2.49	3.53

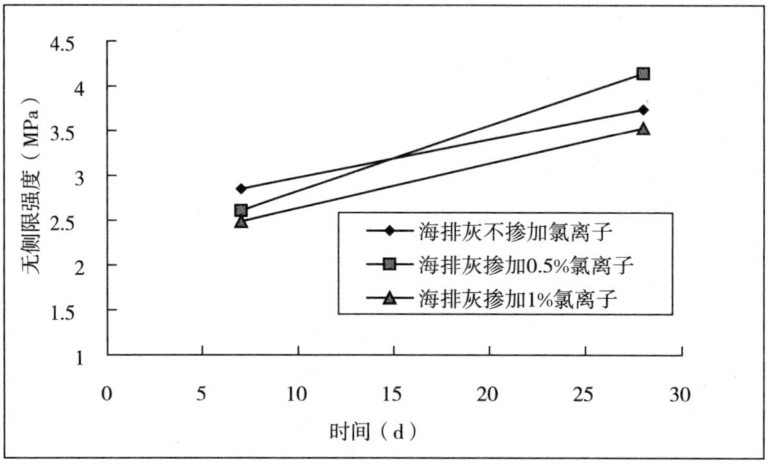

图 4－6　不同氯盐含量海排灰的水泥海排灰碎石混合料无侧限抗压强度随龄期变化图

由表 4－1 和图 4－6 可以看出，海排灰不额外掺氯离子和额外掺 1.0％的氯离子的水泥海排灰稳定碎石混合料强度变化特性一致，但海排灰额外掺入 1.0％氯离子的水泥海排灰稳定碎石混合料的 7d,28d 强度均有所下降。海排灰额外掺入 0.5％氯离子时，水泥海排灰稳定碎石混合料 7d 无侧限抗压强度比不额外掺氯离子低，但强度变化很快，28d 时强度最高，说明氯离子在水泥海排灰碎石混合料里有个最佳比例，达到这个最佳比例时的试件强度最高，考虑到试验所用海排灰本身就含 0.8％左右的氯离子，所以水泥海排灰稳定碎石混合料中海排灰的氯离子最佳含量应该在 1.3％左右。用第三章微观分析的原理来分析，这是因为混合料中水化的 C_3A 相与氯离子反应生成 Friedel 盐，这种盐晶体具有很好的强度，当氯离子含量适当时，氯离子正好被完全固化，生成的 Friedel 盐最多，试件宏观强度最高。如果海排灰中氯离子含量过大，则氯离子不能被完全固化，水泥海排灰稳定碎石混合料中还存在大量游离的氯离子，它会抑制水化反应速度，同时在试件浸水时，氯离子融解到水中而使试件变疏松，因此，强度会有所下降[79]。

4.2.2　海排灰氯盐含量对基层抗冻性能的影响

冻融指标是海排灰碎石混合料的重要性能之一，因为水泥海排灰稳定碎石材料含有氯盐后，必然会影响基层材料中水的凝固温度，同时游离的氯离子在冻融循环反复作用下，发生迁移而使得半刚性基层材料强度逐渐下降，产生薄弱面，甚至在薄弱面发生开裂破坏。其破坏机理如下[59]：

(1)液体膨胀压力。基层材料为多空隙材料，这类材料受冻融循环作用时，其内部空隙水冻胀产生的附加内应力将重复对材料的空隙壁产生挤压破坏作用。当空隙中含水量超过某一临界值时，由于水结冰时体积膨胀9%，将产生很大压力。此压力的大小除了决定于空隙的含水量之外，还与水流动距离、水的冻结速度及空隙的形状有关。其中空隙的形状影响到尚未结冰的水向周围空隙流动的阻力。

(2)渗透压力。由于海排灰基层材料的毛细管中的水含有可溶氯盐。当盐溶液浓度增加时，冻结温度降低，因此盐的浓度形成一个梯度。在基层材料微孔中，部分溶液结冰时，液体压力很高，产生很大的渗透压，形成渗透压力。

基于以上原理，冻融循环试验除了用于评定材料的抗冻性之外，也常用于评价有空隙材料的耐久性。试验结果见表4-2。

表4-2　水泥海排灰碎石残留抗压强度比

配合比(水泥∶海排灰∶碎石)	试件类型	残留抗压强度比
(5∶10∶85)	海排灰不额外掺氯离子	70%
	海排灰额外掺0.5%氯离子	71%
	海排灰额外掺加1%氯离子	67%

由表4-2可看出，随着氯盐含量的增加，混合料的残留抗压强度比变化不大，都满足《公路沥青路面设计规范》规定大于65%要求，说明氯盐含量的增加对于水泥海排灰碎石的抗冻指标来说影响不大。这主要是因为虽然提高了海排灰中的氯离子含量，但由于在整个混合料中海排灰只占10%，加上水泥和粉煤灰还固化了大量氯离子，所以氯离子对水泥海排灰稳定碎石混合料抗冻性能影响不大。

4.2.3　海排灰氯盐含量对基层干缩性能的影响

1. 基层材料干缩机理分析

半刚性材料因内部水分的蒸发而发生体积收缩的现象叫干燥收缩，其基本原理是由于随混合料内部水分的蒸发而发生的毛细管张力作用、吸附水和分子间力作用、矿物晶体或凝胶体层间水作用和碳化收缩作用等四个过程而引起了整体宏观体积的收缩变化。

水泥海排灰碎石材料内部充满大大小小各种尺寸的空隙，这些空隙通常由水和气体来填充。随着材料内部水分的蒸发，毛细管水面下降，弯液面曲率半径变小，在表面张力的作用下，水的内部压力比外部压力小，且内外压力差逐渐增大，致使半刚性材料产生初期的体积收缩。毛细管水蒸发完以后，随着相对湿度的继续变小，水泥海排灰碎石材料中的吸附水开始蒸发，使颗粒表面水膜变薄，其间距变小，分子引力增大，导致水泥海排灰碎石材料宏观体积的进一步收缩。这一阶段的收缩量要比毛细管作用的影响大得多。当吸附水膜减薄到一定程度后，收缩量逐渐减小，直至终止收缩。随着火山灰反应的进一步进行，其生成物也在逐渐增多，其中含有大量层状结构物质(如水化硅酸钙和水化铝酸钙等)，在层与层之间存在着大量层间水及水化离子，随着层间水的蒸发，晶格间距减小，也会引起整体材料收缩。混合料中的 $Ca(OH)_2$ 与 CO_2 反应生成 $CaCO_3$ 的过程中，析出的水分也会导致水泥海排灰碎石体积的收缩[59]。

水泥海排灰碎石是由石灰、海排灰、集料和水四部分按一定配比组合而成。从其材料组成来看，碎石是其中含量最多的部分，占材料干重的 85%，随着集料含量的增加，整体材料的空隙率大大减小，同时材料的比表面积和含水量也降低。在水泥海排灰碎石的使用过程中碎石发生收缩的可能性最小，一般认为碎石的掺入对水泥海排灰收缩起抑制作用。在可能情况下，应尽量加大集料在水泥海排灰碎石中的含量。当然集料含量过大会增加施工难度，会使水泥海排灰碎石的强度降低。水泥海排灰碎石混合料中的水泥和粉煤灰具有较集料大得多的温缩和干缩系数，因而水泥海排灰碎石基层的收缩可以认为是由水泥海排灰稳定碎石混合料的收缩导致的。水泥海排灰稳定碎石混合料的自身收缩以及引起水泥海排灰碎石基层的收缩过程可用下列模式表述：图 4-7 模式为集料处于压实状态，此时集料颗粒之间相互嵌挤，形成稳定的框架，而分布于其空隙间的水泥海排灰稳定碎石混合料则以独立的形式存在，相互间互不接触。当水泥海排灰发生收缩时，仅限于在集料空隙间产生收缩应力，而其变形受集料框架的限制，集料稳定的框架承担水泥海排灰产生的收缩应力，框架结构不受影响，各自独立的框架内的水泥海排灰收缩变形也不会发生连续叠加。而以原生矿物为主的集料与次生矿物含量多的水泥海排灰相比，具有较小的线膨胀系数，因而在这种情况下，水泥海排灰碎石不会因水泥海排灰的收缩而发生收缩变形。

图 4-7 仅是理想状态下的模型，在实际中混合料即使在最密实的状态下，由于水泥海排灰以固态存在于混合料中，不具有较好的流动性，集料颗粒之间不会相互紧密接触以致使水泥海排灰全部隔断，因而其实际状态如图 4-8 所示。

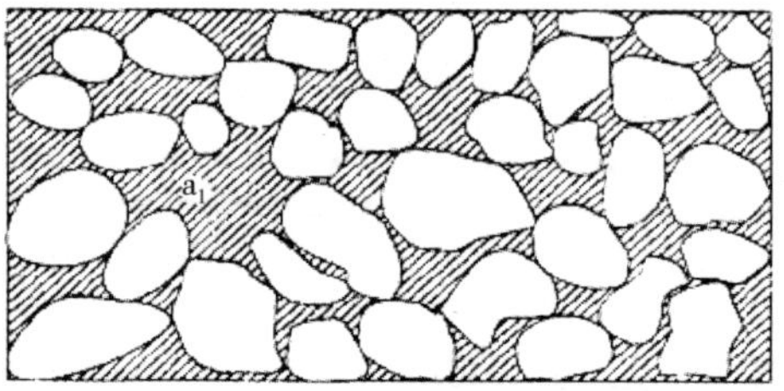

图 4-7　理想结构状态

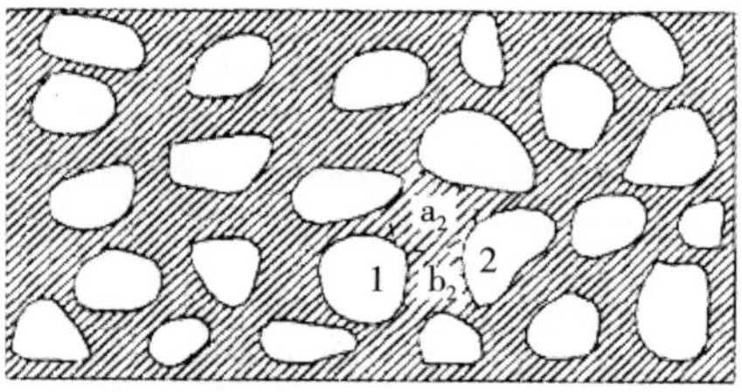

图 4-8　实际结构状态

在图 4-8 中集料之间不是相互接触，由于 b_2 部分水泥海排灰体积的存在，使集料之间产生一定的隔离层。这时水泥海排灰在混合料中可以认为分布于两个区域内，一部分是在被集料所包围的空隙内，如图 4-8 中 a_2 部分；一部分在集料与集料之间距离最短部分的隔离层内，如图 4-8 中 b_2 部分。

当水泥海排灰发生收缩变形时，a_2 部分与 b_2 部分的水泥海排灰均发生体积收缩，收缩量分别为 Δa_2 和 Δb_2，且 $\Delta a_2 > \Delta b_2$，此时 a_2 部分的水泥海排灰虽不像图 4-7 中 a_1 部分水泥海排灰那样受到稳定的框架限制，但也受集料与 b_2 部分水泥海排灰组成类似框架型结构的制约和影响，该类似框架型结构在水泥海排灰收缩下可产生一定的变形，其变形量等于 Δb_2，此时虽然 $\Delta a_2 > \Delta b_2$，但变形后的场部分水泥海排灰与集料组成的类似框架已处于稳定状态，不再产生收缩变形。集料 1 和 2 之间的相对位移量等于 Δb_2，因受 b_2 部分水泥海排灰的抗变形能力的制约，集料 1，2 之间的位移不受 Δa_2 部分水泥海排灰的影响，也就是说，水泥海排灰碎石的体积变化是由 b_2 部分水泥海排灰引起的，各集料之间的隔离层水泥海排灰的收缩量叠加值就是水泥海排灰碎石体积变化量。当一定长度的叠加值超过水泥海排灰碎石的极限拉应变时，便产生收缩裂缝。

由此可见减少水泥海排灰碎石基层的收缩裂缝可通过减少各集料隔离层间水泥海排灰体积的措施来实现，即减少集料间隔离层的厚度。由于隔离层在现实中不可消除，所以要使水泥海排灰碎石具有较好的抗裂性，隔离层厚度越小越好。

对于图 4－7 理想状态而言，隔离层厚度为零，所以水泥海排灰碎石收缩变形很小，水泥海排灰在混合料中仅以一种形式存在于集料间的框架内，即图中阴影 a_2 部分。相对于理想状态而言，超出集料框架空隙以外的水泥海排灰称为“富余”水泥海排灰，而正是由于“富余”水泥海排灰的存在，在实际状态下，水泥海排灰以两种形式分布于集料间（图 4－8），一部分存在于集料围成的空隙 a_2 内，另一部分则以 b_2 形式存在于集料的隔离层内。

“富余”水泥海排灰的多少是影响水泥海排灰碎石收缩变形大小的重要因素。“富余”水泥海排灰增加，则集料间的隔离层厚度增加，收缩变形增大，水泥海排灰碎石的收缩变形就加剧。

由以上“富余”水泥海排灰导致水泥海排灰碎石基层缩裂的过程可知，减少水泥海排灰碎石的收缩裂缝，就应尽量减少“富余”水泥海排灰的存在。那么如果混合料中的粗集料形成骨架，而用水泥海排灰与细集料形成的水泥海排灰砂浆填充粗集料的空隙，使“富余”水泥海排灰在收缩时受到细集料的约束，同时控制水泥海排灰的用量，这样就能有效地减少水泥海排灰碎石混合料产生的裂缝，如图 4－9 所示。

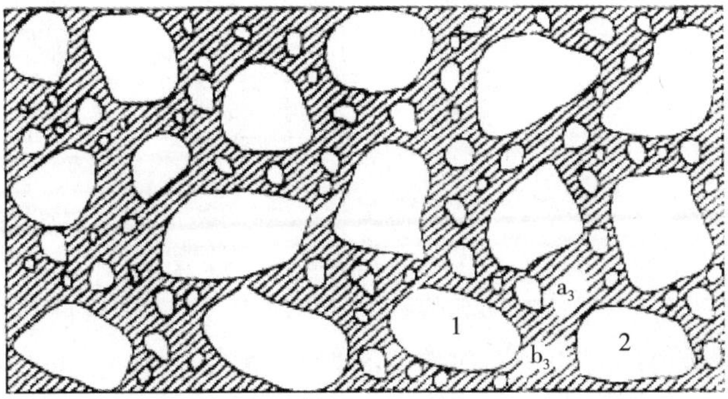

图 4－9　约束结构

由上述对水泥海排灰碎石缩裂的机理分析可知，要使水泥海排灰碎石的收缩变形量减小，就必须尽可能地使水泥海排灰存在于集料框架内，而集料是否能较好地形成框架，框架是否稳定，是否具有足够的抵抗水泥海排灰收缩变形的能力，则成为减少水泥海排灰碎石收缩变形的先决条件。因此本书采用振实方法确定粗集料的级配，使其充分发挥粗集料的骨架作用，采用 k 法计算细集料的级配，并通过正交设计进行检验，主要目的就是要在保证水泥海排灰碎石混合料具有一定强度的前提下，使其具有较好的抗裂性能。

在水泥海排灰碎石混合料中，第四组分就是水。水对水泥海排灰碎石的拌和、施工、养生及路用性能都起着很关键的作用，一方面水是水泥海排灰进行水化反应的基础，另一方面能够润湿其他材料，使得混合料在压实过程中达到最大的密实度。在一定的压实条件下，只有处于最佳含水量，材料才能通过压实而达到最大干密度，从而使材料具有良好的路用性能。但是在实际生产过程中，为了使拌和容易，往往在水泥海排灰碎石中加入过量的水分，这样一方面会使基层施工过程中平整度、高程难以控制；另一方面使得水泥海排灰碎石的性能也得不到保证。多余的水分在水泥海排灰碎石中形成水囊，产生大量的毛细孔隙，增加了材料中的空隙率，过多的水分蒸发后会造成水泥海排灰碎石的严重收缩裂缝，这是水泥海排灰碎石早期开裂的最主要因素。因此，严格控制水泥海排灰碎石混合料中的含水量对抑制收缩开裂非常重要。

2. 试验结果分析

干缩测试结果见表 4-3。

表 4-3　不同氯离子含量海排灰的水泥海排灰碎石材料干缩应变试验结果

试件类型	试验项目	0h	2h	4h	8h	12h	24h	48h	72h	96h	平均干缩系数
海排灰不额外掺氯离子	含水量(%)	5.4	4.6	4.2	3.8	3.5	2.7	2.0	1.5	1.2	170
	干缩应变(με)	0	2	2	0	−2	−21	862	1760	2750	
	失水率(%)		0.8	1.2	1.6	1.9	2.7	3.4	3.9	4.2	
	干缩系数(με/%)		2	2	0	−1	−8	251	453	662	
海排灰额外掺 0.5% 氯离子	含水量(%)	5.4	4.6	4.3	3.9	3.6	2.8	2.1	1.7	1.4	297
	干缩应变(με)	0	−54	−83	−29	54	600	1917	2750	3738	
	失水率(%)		0.8	1.1	1.5	1.8	2.6	3.3	3.7	4.0	
	干缩系数(με/%)		−68	−75	−19	30	231	585	748	946	
海排灰额外掺加 1% 氯离子	含水量(%)	5.4	4.6	4.4	4.1	3.8	3.1	2.5	2.0	1.7	395
	干缩应变(με)	0	50	60	100	117	456	2002	3069	4085	
	失水率(%)		0.8	1.1	1.5	1.8	2.6	3.3	3.7	4.0	
	干缩系数(με/%)		67	61	75	74	202	683	899	1102	

由表 4-3 可以看出随着粉煤灰中氯离子的增加，试件失水速度降低，干缩应变增长较快，干缩系数增加。这说明氯盐含量的增加是混合料的干缩性能趋于不利。不同氯离子含量水泥海排灰稳定碎石干缩系数随失水率变化规律、干缩系数随时间变化规律见图 4-10、图 4-11。

图 4-10 可以看出，在施工初期，失水量变化速度较快，此时干缩系数增长较快且数值较大，因而海排灰基层材料在施工初期的 7d 左右养生条件至关重要，建议施工后一周内必须进行湿法养生，以防失水过大，干缩应变加剧，从而过早地产生干缩裂缝。

另外，见图 4-10、图 4-11 可看出当失水率急剧增加和时间增加时，氯离子含量越大，其干缩系数增长较大，表明了氯离子含量越大对基层混合料的干缩性能越不利。

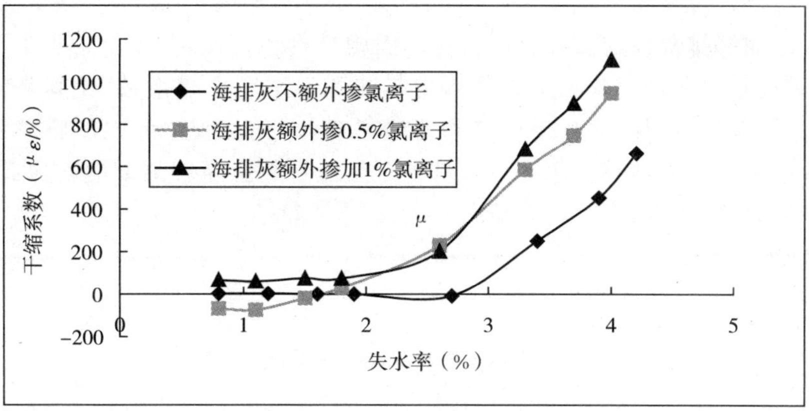

图 4-10　不同氯离子含量海排灰的水泥海排灰碎石 7d 干缩系数-失水率曲线图

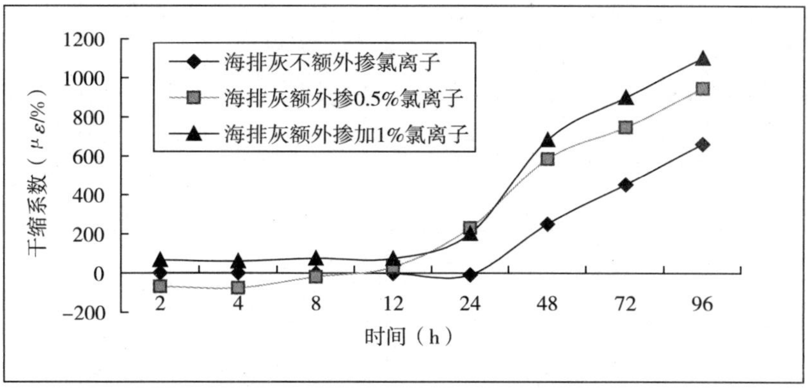

图 4-11　不同氯离子含量海排灰的水泥海排灰碎石 7d 干缩系数-时间曲线图

4.2.4　海排灰氯盐含量对基层温缩性能的影响

1. 基层材料温缩机理分析

水泥海排灰碎石基层材料的温缩是指不同矿物颗粒组成的固相、液相和气相在降温过程中相互作用的结果，从而使水泥海排灰碎石混合料产生体积收缩。其温缩裂缝可分为两种，一是在较大温度差下收缩应变超过极限抗拉应变时出现的裂缝；二是在温度差的反复作用下而形成的温度疲劳性开裂。正常情况下，单纯的温度收缩不足以引起水泥海排灰碎石基层的开裂，但是当温度收缩与干燥收缩同时发生时，温度下降，水泥海排灰碎石基层内部会产生一个温度的梯度，使得表面承受拉应力，内部承受压应力，这就与失水干燥过程相一致，两种收缩作用叠加就容易出现水泥海排灰碎石基层的开裂[59]。

存在于半刚性材料内部的较大孔隙、毛细孔和凝胶孔中的水通过“扩张作用”“表面张力作用”和“冰冻作用”三个作用过程，对半刚性材料的温度收缩性质产生极大的影响，使半刚性材料在干燥和饱水状态下有较小的温度收缩值，而在一般含水量下有较大的温度收缩值。

就组成水泥海排灰稳定碎石基层材料的固相矿物颗粒而言，原材料中集料的温度收缩系数较小，而石灰和粉煤灰具有较集料大得多的温缩和干缩系数，尤其是随着时间的延续，水泥海排灰碎石中的水化反应产物不断增多，水化凝胶体的温度收缩系数比原材料的温度收缩系数要大，因此，水泥海排灰碎石温缩系数会随着龄期的增加而增大，早期增长速度较快，后期较慢。

2. 试验结果分析

试验结果见表 4－4 和图 4－12。

表 4－4 水泥海排灰碎石温度收缩系数

试件类型	温度区间(℃)	温度收缩系数(10^{-6}/℃)	平均值(10^{-6}/℃)
海排灰不额外掺氯离子	5～10	8.6	9.03
	0～5	9.2	
	－5～0	8.4	
	－10～－5	9.5	
	－15～－10	9.1	
	－20～－15	9.4	
海排灰额外掺 0.5%氯离子	5～10	9.6	10.43
	0～5	12.2	
	－5～0	8.6	
	－10～－5	9.3	
	－15～－10	10.3	
	－20～－15	12.6	
海排灰额外掺 1.0%氯离子	5～10	8.1	9.71
	0～5	10.8	
	－5～0	9	
	－10～－5	9.6	
	－15～－10	10.2	
	－20～－15	10.6	

由图 4－12 看出，不同氯盐含量海排灰的水泥海排灰碎石，随温度变化，温缩系数变化不大，所以得出结论：水泥海排灰碎石混合料的温缩性能影响不大。

4.2.5 海排灰氯盐含量对基层冲刷性能的影响

1. 冲刷现象

沥青路面建成初期，路面面层裂缝少，外界水分难以进入结构层内部，基层相对较为

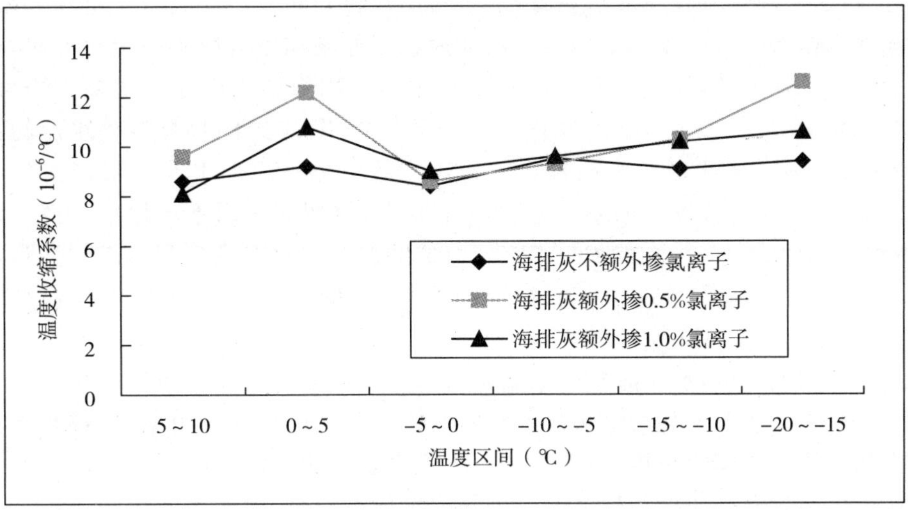

图 4－12　不同氯离子含量海排灰的水泥海排灰碎石随温度变化的温缩系数

干燥，因为没有过多的水分，即便是在较重的交通下，道路的基层材料也不会发生冲刷现象。随着路面的使用，由于种种原因面层裂缝变宽变长，水分由裂缝处渗入路面基层，并向四周扩散。进入基层的水分很难蒸发，致使局部的基层始终处于潮湿状态，弹性模量降低，在行车荷载作用下，基层顶面塑性变形增加，在个别基层水分饱和状态已有轻微冲刷现象。随着时间的推移，未处理的路面裂缝可能会进一步发展，每逢雨雪天气，水分会大量进入路面结构层并在脱空较严重的地方聚集成流动水。此时的路面具备了冲刷作用条件，行车的荷载作用，大量的流动水以及由于基层的塑性变形而在路面面层底面与基层顶面形成脱空，路面基层的冲刷变得越来越严重，唧泥现象也开始出现。这种现象在冬季雨雪天气会更加明显。在实际路面的使用中，路面的冲刷作用与路面结构层之间脱空的形成与发展是相辅相成的[35]。

路面面层有许多微裂缝，在行车荷载作用下，此部分比其他地方更易出现面层与基层之间的脱空，当脱空和水分积累达到一定程度时，便开始了冲刷作用，因为路面面层无明显裂缝，所以在路面上看不到唧泥现象，但这种基层的冲刷作用很快就能导致路面面层局部开裂，继而路面出现低洼、坑洞。

2. 冲刷机理

水泥海排灰稳定碎石材料的抗冲刷性能，与其强度形成过程、材料组成及空间结构有关。它所发生的物理、化学反应与其他半刚性基层材料的反应有所不同。水泥海排灰遇水后先形成水泥海排灰浆，在搅拌的过程中水泥海排灰浆附着在大小不一的颗粒上，并将它们包裹起来。由于水泥海排灰稳定碎石中各种粒径的集料都有，因此被水泥海排灰浆所裹覆的细颗粒，经过压实后被挤入大颗粒形成的空隙之中，起到填充和粘结作用，从而共同形成具有一定功能的结构[59]。

对于水泥海排灰稳定碎石材料来说，其冲刷量随冲刷次数的增加有很大差异。其在冲刷开始的阶段冲刷量较大，随着冲刷时间的延长，冲刷量增长缓慢。其原因在于冲刷开始时，由路面传递下来的荷载作用在基层表面，此时的水泥海排灰稳定碎石表面细颗粒较多，虽然这些细颗粒表面被水泥海排灰裹覆，颗粒与颗粒之间具有一定的黏聚力，但在荷载和动水压力的共同作用下仍然会被冲掉。当冲刷作用进行到一定程度时，随着基层表面的细颗粒损失，粗颗粒所形成的骨架在承受作用力的方面起了主要作用，此时对于粗颗粒间隙的细颗粒来说，不再直接受到荷载的作用，受到的只有运动水流的冲刷作用，而且这种作用因试件表面粗颗粒之间无规则的空隙对运动水流的阻挡而变得相当弱，这时冲刷量减少。应说明的是虽然冲刷量减少，但冲刷作用不会停止。在水泥海排灰稳定碎石的结构中，水泥海排灰与细颗粒形成的结合物填充在粗颗粒之间并将粗颗粒粘结在一起，构成了稳定的结构。当冲刷作用到一定程度时，较大的颗粒又保护细颗粒免受过度冲刷，使得冲刷作用减缓。

从材料结构上分析，水泥海排灰稳定碎石的抗冲刷能力与其抗压强度之间没有确定的关系。这是因为水泥石灰粉煤灰稳定碎石的抗压强度由两部分组成：颗粒与颗粒之间的粘聚力和粗颗粒之间的嵌挤力，而与抗冲刷能力密切相关的是细料之间的粘聚力及其在粗颗粒上的粘附力。如果一种水泥海排灰稳定碎石材料，由于水泥海排灰用量小使混合料中细颗粒之间粘聚力较小，而粗颗粒的骨架作用是很好的，虽然它可能有较高的强度，但其抗冲刷能力不一定好，相反有的水泥海排灰稳定碎石材料虽然级配不好，导致整体强度不高，但因结合料用量稍大，细料之间的粘聚力较大，其抗冲刷能力却较好。

总的来说，基层的冲刷程度与进入路面结构层的水量大小有关，进入的水越多，冲刷程度越大。冲刷程度还与基层材料本身有关，与水泥海排灰剂量的大小，集料的级配，空隙率的大小，混合料中粗集料的压碎值，内摩阻力以及细料的含量和细料的细度等都有关系。

3. 试验结果分析

不同氯盐含量水泥海排灰稳定碎石基层材料的抗冲刷试验结果见表 4－5 和图 4－13。

表 4－5　不同氯盐含量水泥海排灰稳定碎石抗冲刷试验结果表

试件类型	饱水质量 m_0(g)	第一阶段冲刷量 m_1(g)	第二阶段冲刷量 m_2(g)	第三阶段冲刷量 m_3(g)	第四阶段冲刷量 m_4(g)	第五阶段冲刷量 m_5(g)
海排灰不额外掺氯离子	6302	15	9.5	9.5	5.5	2.5
海排灰额外掺 0.5%氯离子	6379.5	16.5	13.5	7	8	4.5
海排灰额外掺加 1%氯离子	6480	25	23	14.5	12	3.5
试件类型	饱水质量 m_0(g)	第一阶段累计冲刷量 Σm_1(g)	第二阶段累计冲刷量 Σm_2(g)	第三阶段累计冲刷量 Σm_3(g)	第四阶段累计冲刷量 Σm_4(g)	第五阶段累计冲刷量 Σm_5(g)
海排灰不额外掺氯离子	6302	15	24.5	34	39.5	42
海排灰额外掺 0.5%氯离子	6379.5	16.5	30	37	45	49.5
海排灰额外掺加 1%氯离子	6480	25	48	62.5	74.5	78

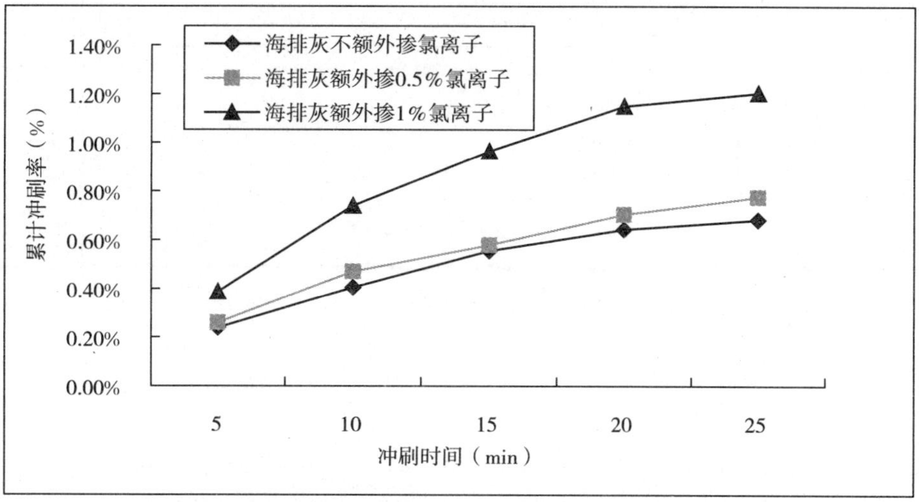

图 4-13 不同氯离子含量海排灰的水泥海排灰碎石累计冲刷率与冲刷时间关系曲线

表 4-5 和图 4-13 可以看出，从各阶段的冲刷数量来看水泥海排灰稳定碎石作为道路基层材料在受到冲刷时冲刷量是不完全呈线性变化的。同一个试件各阶段的冲刷量随着时间的增加而减少，在冲刷初期，混合料的冲刷量较大，冲刷 2 次即 10min 以后，冲刷量出现大幅度的减小，累计冲刷率曲线也有所平缓。

由图 4-13 可知，材料相同的情况下，随着加盐量的增加，相对应的各阶段的冲刷量也增加。当海排灰中额外加入 0.5%氯离子时，冲刷量增加不是很大，但当海排灰额外中加入 1%氯离子时，冲刷量增加很大，这主要是因为盐分越大，冲刷时试件中溶入水中的质量就越多，这说明海排灰中的盐分对冲刷性能较敏感。

4.3 氯盐含量对水泥石灰海排灰碎石底基层材料路用性能的影响

底基层材料强度要求没有基层高，氯盐含量对水泥石灰海排灰碎石底基层材料路用性能影响的研究方法和作用原理同水泥海排灰碎石基层。本节仅介绍水泥石灰海排灰碎石底基层的试验结果。试验采用的海排灰氯离子含量还是 0.8%。

4.3.1 海排灰氯盐含量对底基层强度的影响

水泥石灰海排灰碎石混合料试验结果见表 4-6 和图 4-14。

表 4-6 不同氯离子含量海排灰的三灰碎石 7d,28d 无侧限抗压强度

配合比	试件类型	强度代表值(MPa)	
		7d	28d
水泥：石灰：海排灰：碎石 (2：10：43：45)	海排灰中不额外掺氯离子	0.75	1.82
	海排灰中额外掺 1%氯离子	0.84	2.26
	海排灰中额外掺加 2%氯离子	0.77	1.27

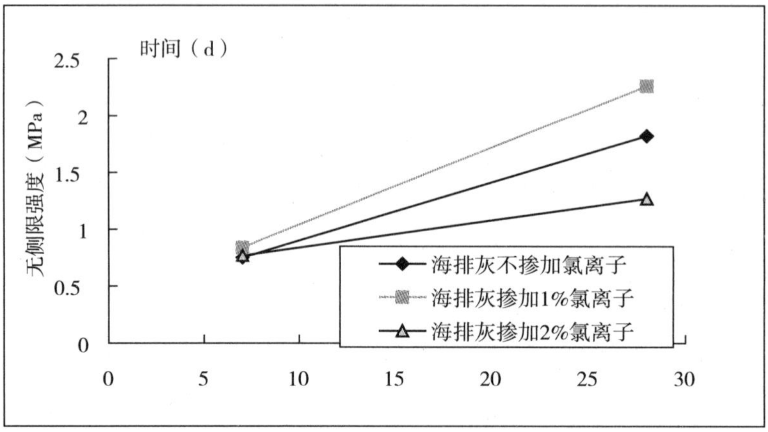

图 4-14　不同氯盐含量海排灰的三灰混合料无侧限抗压强度随龄期变化图

由表 4-6 和图 4-14 可以看出，海排灰中加入 1%氯离子的混合料 7d，28d 无侧限抗压强度最高。这是因为加盐后，盐作为早强剂发挥了作用，但氯盐含量过大（额外掺入 2%氯离子），三灰混合料易潮解，产生裂缝影响强度。氯盐含量过大（额外掺入 2%氯离子）则对混合料的 28d 强度造成不利影响，达不到《粉煤灰石灰类道路基层施工及验收规程》要求的 28d 强度 1.75MPa。

4.3.2　海排灰氯盐含量对底基层抗冻性能的影响

因为抗冻性能指标是海排灰稳定碎石的重要指标，为了获得海排灰中氯盐含量对底基层混合料抗冻性能的影响规律，找出三灰碎石中海排灰允许含氯离子的临界值，本书选用五种不同氯盐含量的海排灰做 28d 冻融试验，试验结果见表 4-7。

表 4-7　三灰碎石残留抗压强度比

配合比	粉煤灰中含氯离子	冻前强度（MPa）	冻后强度（MPa）	残留抗压强度比（%）
水泥：石灰：海排灰：碎石＝2：10：43：45	0.8%（不加盐）	2.18	1.57	72
	1.3%	2.15	1.53	71
	1.5%	2.3	1.52	66
	1.8%	2.16	试件全部损坏	
	2.8%	2	0.9	45

表 4-7 可以看出，残留抗压强度比随着海排灰含氯离子量的增加而逐渐减小，甚至当海排灰氯盐含量达 1.8%时，试件在 5 次冻融循环后全部损坏；另外，当海排灰氯盐含量达 1.5%时，其残留抗压强度比为 66%，刚刚满足《公路沥青路面设计规范》规定大于 65%的要求。由此可见，海排灰含氯盐量的大小对水泥石灰海排灰碎石材料的抗冻性能的影响显著。通过抗冻性试验，发现海排灰中氯盐含量不超过 1.5%时，该配合比的冻融

指标和强度指标都满足要求。

4.3.3　海排灰氯盐含量对底基层干缩性能的影响

三灰干缩试验原理和方法同水泥海排灰稳定碎石混合料，干缩测试结果见表 4-8。

表 4-8　不同氯盐含量粉煤灰的三灰碎石材料干缩应变试验结果

氯离子量	试验项目	0h	2h	4h	8h	12h	24h	48h	72h	96h	平均干缩系数
海排灰不额外掺氯离子	含水量(%)	9.5	8.7	8.5	8.1	7.8	5.4	5.0	4.2	3.7	305
	干缩应变(με)	0	40	42	227	279	644	1833	3219	4488	
	失水率(%)		0.8	1.0	1.4	1.7	3.1	4.5	5.3	5.8	
	干缩系数(με/%)		52	43	165	162	210	422	610	778	
海排灰额外掺 1% 氯离子	含水量(%)	9.5	8.7	8.4	7.9	7.6	5.8	3.7	2.6	2.0	457
	干缩应变(με)	0	60	121	621	821	3270	5325	6350	8650	
	失水率(%)		0.8	1.1	1.6	1.9	3.7	5.8	6.9	7.5	
	干缩系数(με/%)		61	113	278	362	589	675	731	851	
普通粉煤灰	含水量(%)	8.7	8.2	7.7	7.2	4.8	1.9	1.0	0.5	8.7	407
	干缩应变(με)	33	133	546	675	2075	4604	5888	6933	33	
	失水率(%)	0.8	1.3	1.8	2.3	4.7	7.6	8.5	9.0	0.8	
	干缩系数(με/%)	41	105	306	290	443	609	692	773	41	

不同氯盐含量水泥石灰海排灰稳定碎石同普通粉煤灰三灰碎石材料干缩系数随失水率变化规律、干缩系数随时间变化规律见图 4-15、图 4-16。

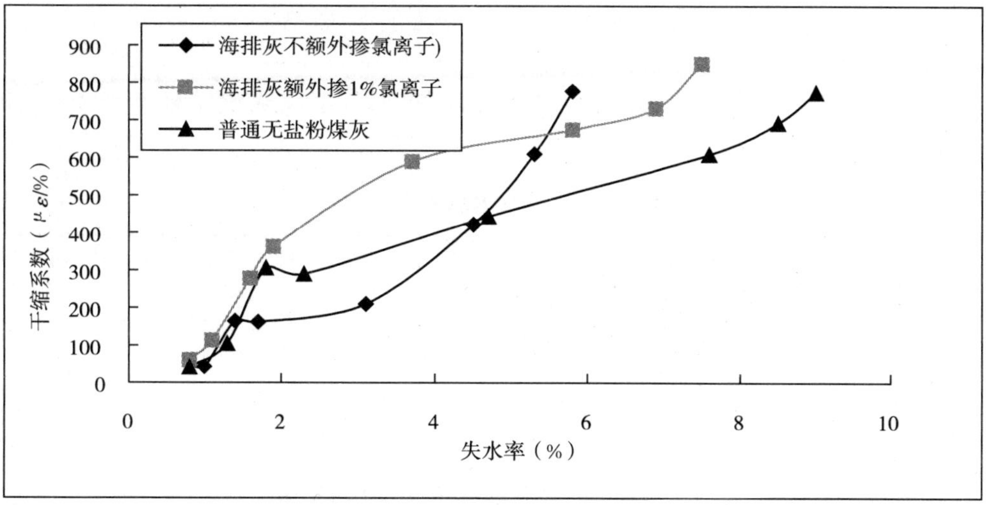

图 4-15　不同氯盐含量粉煤灰的三灰碎石 7d 干缩系数-失水率曲线图

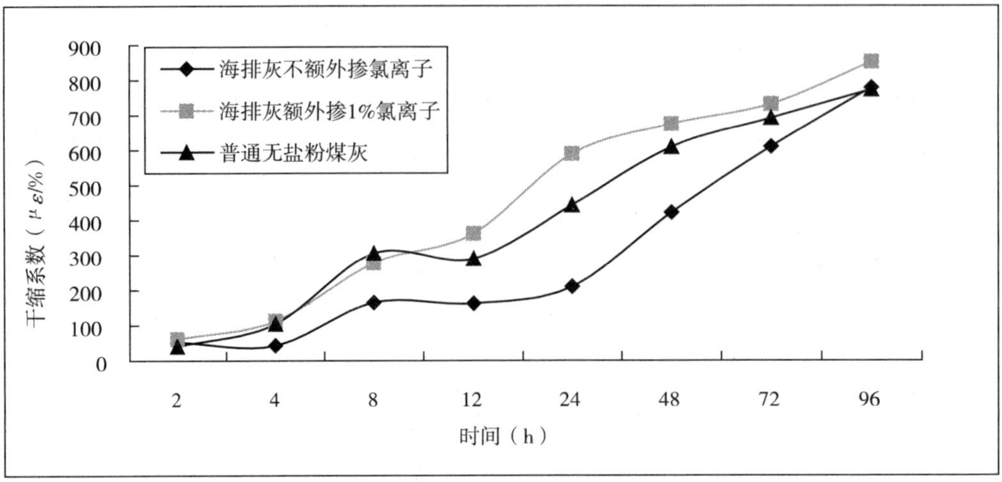

图 4－16　不同氯盐含量粉煤灰的三灰碎石 7d 干缩系数-时间曲线图

由表 4－8 可以看出随着粉煤灰中氯离子的增加试件失水速度降低，但干缩应变增长较快，干缩系数增加。

由图 4－15 可以看出，在施工初期，干缩系数增长较快；随着失水量的逐渐增大，干缩系数增加幅度减小，但当氯盐含量较高时，干缩系数仍有急剧增长的趋势。因而海煤灰底基层材料除了在施工初期的 7d 养生条件至关重要外，对海排灰氯盐含量的控制也尤为重要。

另外，由图 4－15、图 4－16 还可看出当失水率增加和时间增加的同时，氯离子含量越大，其干缩系数增长越迅速，并大于不加盐的海排灰和普通不含盐的粉煤灰，这进一步证明了氯离子含量越大对底基层混合料的干缩性能就越不利。

4.3.4　海排灰氯盐含量对底基层温缩性能的影响

三灰碎石温缩试验原理和方法同水泥海排灰碎石，温缩测试结果见表 4－9 和图 4－17。

表 4－9　三灰碎石温度收缩系数

试件类型	温度区间(℃)	温度收缩系数(10^{-6}/℃)	平均值(10^{-6}/℃)
海排灰中不额外掺氯离子	5～10	8	12.33
	0～5	8.2	
	－5～0	10	
	－10～－5	10.4	
	－15～－10	13.4	
	－20～－15	16	

（续表）

试件类型	温度区间(℃)	温度收缩系数(10^{-6}/℃)	平均值(10^{-6}/℃)
海排灰中额外掺1%氯离子	5～10	8.6	10.05
	0～5	8.7	
	−5～0	9.3	
	−10～−5	10.1	
	−15～−10	11.3	
	−20～−15	12.3	
海排灰中额外掺2%氯离子	5～10	8.8	10.71
	0～5	8.7	
	−5～0	10	
	−10～−5	11.4	
	−15～−10	12.2	
	−20～−15	13.2	

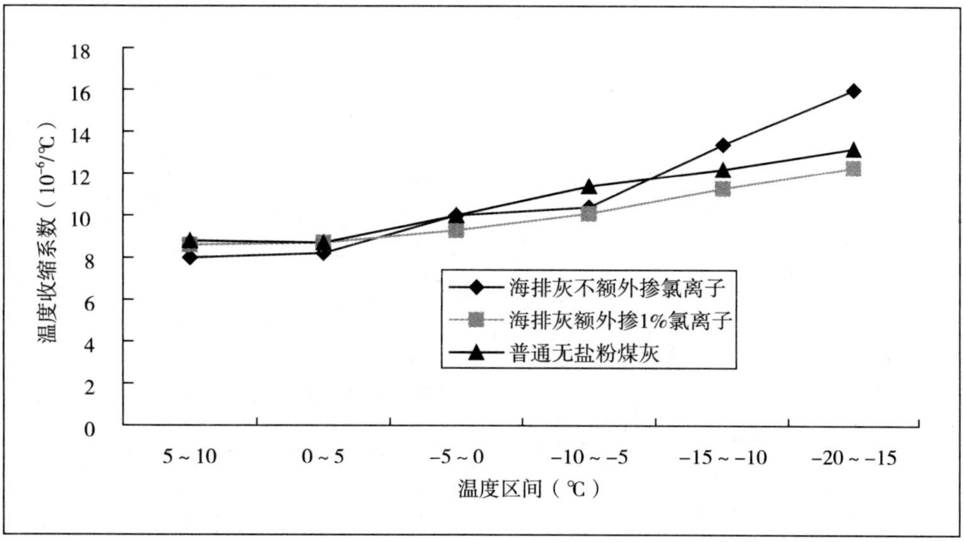

图 4-22　不同氯盐含量海排灰的三灰碎石温度收缩系数-温度区间关系曲线

由图 4-22 看出，不同氯盐含量海排灰的三灰碎石随温度变化时，温缩系数变化不大，所以得出结论：三灰碎石混合料的温缩性能影响不大。

4.3.5　海排灰氯盐含量对底基层冲刷性能的影响

不同氯盐含量水泥石灰底海排灰稳定碎石基层材料的抗冲刷试验结果见表 4-10 和图 4-18。

表 4-10 不同氯盐含量粉煤灰的三灰碎石抗冲刷试验结果表

试件类型	饱水质量 m_0(g)	第一阶段冲刷量 m_1(g)	第二阶段冲刷量 m_2(g)	第三阶段冲刷量 m_3(g)	第四阶段冲刷量 m_4(g)	第五阶段冲刷量 m_5(g)
海排灰中不额外掺氯离子	5644	30.5	25	19.5	18	10.5
海排灰中额外掺1%氯离子	5810	36.5	33	26.5	15.5	7.5
海排灰中额外掺加2%氯离子	5468	40.5	35	35.5	15.5	7
试件类型	饱水质量 m_0(g)	第一阶段累计冲刷量 Σm_1(g)	第二阶段累计冲刷量 Σm_2(g)	第三阶段累计冲刷量 Σm_3(g)	第四阶段累计冲刷量 Σm_4(g)	第五阶段累计冲刷量 Σm_5(g)
海排灰中不额外掺氯离子	5644	30.5	55.5	75	93	103.5
海排灰中额外掺1%氯离子	5810	36.5	69.5	96	111.5	119
海排灰中额外掺加2%氯离子	5468	40.5	75.5	111	126.5	133.5

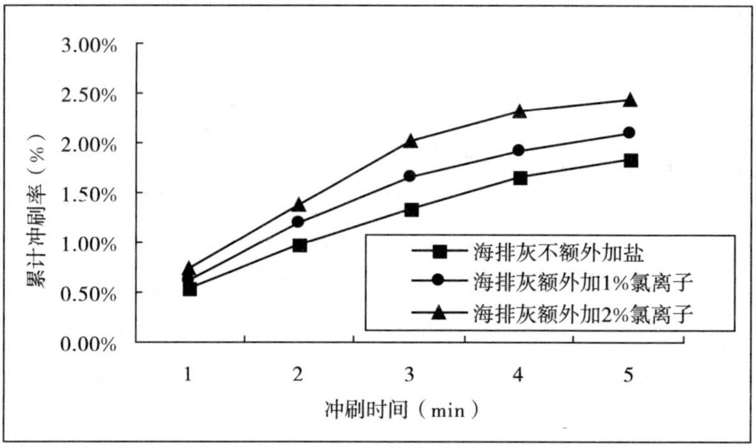

图 4-18　不同氯盐含量的海排灰三灰试件累计冲刷率与冲刷时间关系曲线

由表 4-10 和图 4-18 可以看出，从各阶段的冲刷数量来分析，水泥石灰海排灰稳定碎石作为道路底基层材料在受到冲刷时冲刷量是不完全呈线性变化的。同一个试件各阶段的冲刷量随着时间的增加而减少，在冲刷初期，混合料的冲刷量较大，冲刷 3 次即 15min 以后，冲刷量出现大幅度的减小，累计冲刷率曲线也有所平缓。

由图 4-18 可知，材料相同的情况下，随着加盐量的增加，相对应的各阶段的冲刷量也增加。这主要是因为盐分越大，冲刷时试件中溶入水中的质量就越多，所以加盐多的试件冲刷量也相应大一些。

4.4 本章小结

本章从基层和底基层材料的抗压强度、抗冻性能、干缩、温缩性能及冲刷性能等方面进行了海排灰中氯盐含量对其路用性能的影响。

(1)无侧限抗压强度方面,海排灰中一定量的氯盐含量对基层和底基层材料的初期强度一般影响不大,甚至起到早强剂的作用;如果海排灰中氯盐含量过大,对强度的增长起到了一定的抑制作用。因为水泥、海排灰火山灰反应生成了水化的 C_3A 相与氯离子反应生成 Friedel 盐,这种盐晶体具有很好的强度,氯离子被固化,所以试件宏观强度提高。当氯盐含量为 1.3%(海排灰本身含 0.8%加额外掺 0.5%)时,水泥海排灰反应最充分,强度最高。如果海排灰中氯离子含量过大,则氯离子不能被完全固化,水泥海排灰碎石混合料中还存在大量游离的氯离子,在测试强度前试件浸水时,氯离子融解到水中而使试件变疏松,因此,强度会有所下降。这说明当水泥海排灰碎石中氯盐含量适当时,对强度有利,当海排灰中氯盐含量超过最佳含量时,对水泥海排灰碎石早期强度不利。三灰碎石由于水泥、石灰比例不一样,固化氯离子的能力与水泥海排灰碎石不同,海排灰中最佳氯盐含量也不同。根据强度试验,三灰碎石中海排灰的最佳氯离子含量在 1.8%(海排灰本身含 0.8%加额外掺 1%)左右。

(2)在抗冻性能方面,氯盐含量变化对水泥海排灰碎石基层材料影响不大,因为在整个混合料中海排灰只占 10%,水泥和粉煤灰固化了大量氯离子。而当海排灰氯盐含量较大时对底基层材料的抗冻性能影响较大。通过抗冻性试验,我们发现海排灰中氯盐含量不超过 1.5%时,该配合比的冻融指标和强度指标都满足要求,当氯盐含量超过 1.5%时,三灰碎石抗冻性能就达不到《公路沥青路面设计规范》规定大于 65%要求。

(3)随着粉煤灰中氯离子的增加,基层、底基层混合料试件失水速度降低,干缩应变增长较快,干缩系数增加。通过温缩试验发现海排灰中氯离子含量对基层、底基层混合料温缩性能影响不大,也就是说用海排灰修筑半刚性基层将来产生的反射裂缝不会比普通粉煤灰大。

(4)在冲刷性能方面,从各阶段的冲刷数量可以看出,不同氯盐含量的基层和底基层材料在受到冲刷时冲刷量不一样。氯盐含量越大,冲刷量越大。通过试验可知海排灰的水泥海排灰碎石冲刷比三灰碎石敏感。

通过本章分析,可以得到,海排灰的氯盐含量对基层、底基层材料的冻融性能和强度影响较大。海排灰中少量的氯盐可以提高材料早期强度,但含氯离子量过大会使混合料早期强度下降,抗冻性能下降。根据抗冻性能试验结果(表 4-7),三灰碎石基层中的海排灰氯盐含量不能超过 1.5%,超过 1.5%时,残留抗压强度比达不到《公路沥青路面设计规范》的要求。因此在三灰碎石施工时,一定要经常检测海排灰的含氯盐量,当氯盐含量过大时,要降低氯盐含量才能使用。

第五章　实体工程试验与关键技术指标研究

5.1　实体工程简介

本书依托的实体工程为辽宁(营口)沿海产业基地一期道路工程。沿海产业基地一期规划44平方千米,其中道路建设面积400万平方米。基层拟采用水泥海排灰碎石结构、底基层采用三灰碎石结构。需要粉煤灰150万吨左右。当地普通粉煤灰紧缺,而海排灰免费供应。因此,如果研究成功,将计划全部使用海排灰代替普通粉煤灰。在前几章研究的基础上,本章在海排灰大面积的推广使用之前,选取澄湖东路200米长道路作为底基层三灰碎石和基层水泥海排灰碎石试验路段,用来检测海排灰底基层和基层施工性能。在施工时考虑到碎石供应紧张,有部分路段的底基层采用三灰砂砾,于是又选取新富大街的200米长三灰砂砾底基层道路作为试验路段,用来检测三灰砂砾施工质量和路用性能。

这里拟定澄湖东路的路面结构型式(三灰碎石底基层、水泥海排灰碎石基层)见图5-1;新富大街的路面结构型式(三灰砂砾)底基层如图5-2所示。

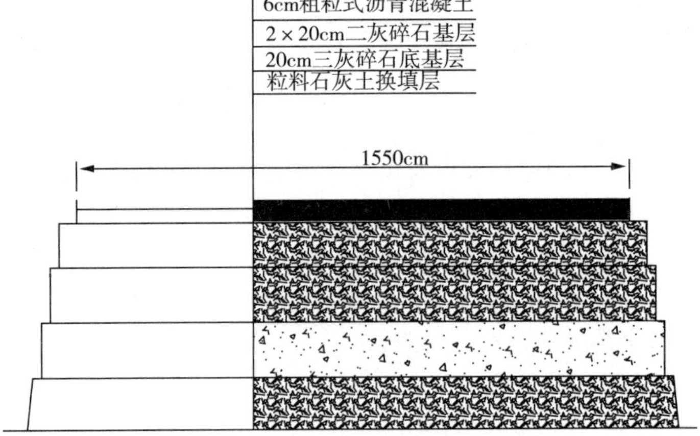

图5-1　澄湖东路的路面结构型式图

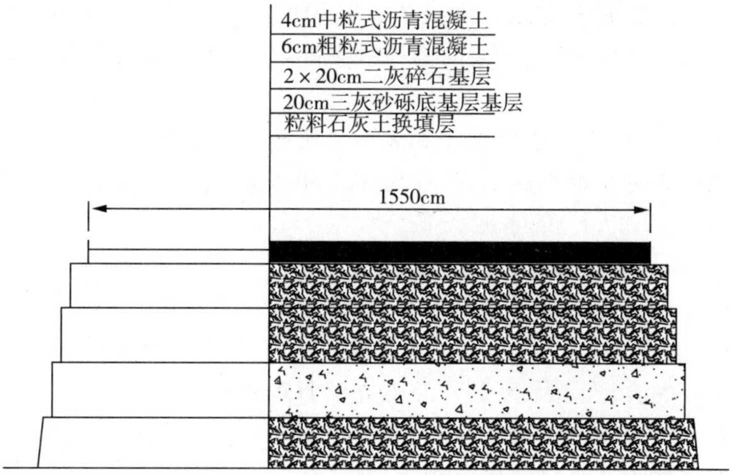

图5-2 新富大街的路面结构型式图

通过在标准荷载作用下海排灰碎石基层路面结构理论分析验证得：在标准荷载作用下，基于海排灰碎石基层、底基层的路面结构弯沉和受力均能满足要求。通过超载条件下海排灰碎石基层路面结构的力学响应分析表明辽宁（营口）沿海产业基地道路要适当控制超载，尤其是轴载超载100％的汽车要严格限制。（理论计算部分略）

试验路段设置目的：

(1)通过现场检测路面结构底基层、基层材料的各项指标，评价三灰碎石、三灰砂砾和水泥海排灰碎石材料作为路面结构底基层、基层材料的现场可行性。

(2)通过试验路段的施工，总结出一套适应营口沿海产业基地道路基层、底基层建设的施工工艺和技术指标。

5.2 海排灰碎石基层及底基层技术指标及施工关键技术的研究

底基层试验路段施工之前，对路基要进行验收，各项指标都能满足规范的要求，这为道路基层的施工提供了良好的条件。

5.2.1 海排灰碎石基层、底基层技术指标的确定

5.2.1.1 原材料技术指标

1. 海排灰

海排灰的主要成分是SiO_2，Al_2O_3，Fe_2O_3，三者总含量应超过70％，烧失量不应超过20％，若烧失量过大，则混合料强度明显降低，甚至难以成型。干湿海排灰均可使用，但根据混合料最佳含水量要求，湿海排灰含水量不宜超过35％。从第二章对海排灰的化学成分分析可知，鲅鱼圈电厂的海排灰可直接用于营口沿海产业基地的道路基层建设。但从第四章的氯盐含量分析可知，如果海排灰氯盐含量超过1.5％，则海排灰需要降盐处

理。处理方法有水洗法或陈化法。水洗法就是用淡水冲洗海排灰，滤掉其中氯盐；陈化法就是将海排灰露天放置，经过一段时间风吹雨淋，其中盐分会大部分散失。

2. 水泥

普通硅酸盐水泥，矿渣硅酸盐水泥和火山灰质硅酸盐水泥均可用于水泥海排灰稳定碎石。为了有充裕的时间组织施工，不应使用快硬水泥、早强水泥或受潮变质的水泥，应选用终凝时间稍长(6h 以上)的水泥。

3. 石灰

应采用Ⅲ级或以上熟石灰或生石灰。石灰宜用低镁石灰，应充分消解，不得含有未消解的颗粒，且不含有杂质。熟石灰中的氧化钙和氧化镁的含量宜大于 50%；生石灰中的氧化钙和氧化镁的含量宜大于 60%。不能消解的颗粒含量大于 20%时，应相应增加石灰剂量。当石灰中氧化钙和氧化镁的含量为 30%～50%时，应通过试验适当增加石灰剂量。当石灰中氧化钙和氧化镁含量小于 30%时，不得采用。

4. 碎石集料

碎石构成了水泥海排灰稳定碎石的骨架结构，在当前施工条件下，由于采用重型压实成型，碎石应有一定的强度，对针片状含量也做出限制，为了保证基层施工的材料均匀性和平整度的要求，基层材料碎石的最大粒径不大于 31.5mm。在公路路面基层施工技术规范中，规定碎石压碎值不能大于 30%。并且水泥海排灰碎石级配满足第二章表 2-12 中推荐上限和推荐下限要求。

5. 水

不含油质和 pH 值大于 6 的水，均可用于消解石灰、拌制混合料和养生。

5.2.1.2 海排灰碎石基层、底基层混合料技术指标

1. 配合比

水泥海排灰稳定碎石混合料、三灰稳定碎石类混合料的配合比分两种：以原材料占混合料总干重的百分数称为质量比；以原材料松体积的百分数计，称为体积比。实验室应采用质量比，施工时就地拌和可采用体积比控制，厂拌采用质量比控制[10]。

在生产实践中，混合料的配合比应经过系统的室内试验确定，才能得到既结构合理又经济、实用的配合比。本书基层材料推荐配合比为水泥：海排灰：碎石＝5：10：85；底基层材料推荐配合比为，水泥：石灰：海排灰：碎石＝2：10：43：45。

2. 最佳含水量和最大干密度

在实际施工中，水泥海排灰稳定碎石混合料、三灰稳定碎石类混合料的含水量应接近最佳压实含水量。最大干密度和最佳含水量可按重型击实标准，经室内试验确定。本书通过对鲅鱼圈灰池中不同区域的海排灰进行重型击实试验，提出了混合料最佳含水量和最大干密度的范围，以作为基层施工中的参考，具体见表 5-1。

表 5-1 混合料最大干密度和最佳含水量范围

材料种类	配合比	最大干密度(g/cm^3)	最佳含水量(%)
基层材料	水泥：海排灰：碎石＝5：10：85	2.2～2.3	4.5～7
底基层材料	水泥：石灰：海排灰：碎石＝2：10：43：45	1.7～2	9～12

3. 抗压强度

水泥海排灰碎石基层和底基层材料要满足《公路沥青路面设计规范》的要求，见表5-2。

表5-2 水泥粉煤灰稳定类基层、底基层的压实度及7d抗压强度

层位	类别	C,D,E级交通		A,B级交通	
		压实度(%)	抗压强度(MPa)	压实度(%)	抗压强度(MPa)
基层	集料	≥98	1.5～3.5	≥97	1.2～1.5
底基层	集料	≥97	1.0～1.5	≥96	≥0.6

水泥石灰粉煤灰碎石基层和底基层材料要满足规范《粉煤灰石灰类道路基层施工及验收规程》[72]的要求，见表5-3。

表5-3 石灰粉煤灰稳定类基层、底基层的7d和28d抗压强度

层位	7d抗压强度(MPa)		28d抗压强度(MPa)	
	快速路和主干路	次干路	快速路和主干路	次干路
基层	≥0.70	≥0.55	≥1.75	≥1.38
底基层	≥0.50	≥0.45	—	—

为了保证一定的安全储备，在沿海产业基地现场，根据现场养生条件和温度条件，三灰碎石底基层材料7d强度实际控制指标为0.9MPa，水泥海排灰碎石基层材料7d强度实际控制指标为3.0MPa。

5.2.2 海排灰碎石基层、底基层施工关键技术

5.2.2.1 施工准备

1. 准备下承层

(1)海排灰碎石基层的下承层表面应平整、坚实，具有规定的路拱，没有任何松散的地方，下承层的平整度和压实度应符合有关技术规范的要求。[39,75]

(2)对拟摊铺基层的底基层或路基必须用12～15t三轮压路机进行碾压检验(压3遍至4遍)。在碾压过程中，如发现其过干或表层松散，应适当洒水；如因过湿而发生弹簧现象，应采用挖开晾晒、换土、掺石灰或粒料等措施进行处理。

2. 施工放样

(1)按经验或做试验段确定松铺系数并确定出松铺厚度，清理下承层。两边均设土模，并设施工便道。

(2)施工前在路基表面恢复中线，直线段每20m设一桩，并加设边桩进行水平测量，在两侧指示桩和中桩上用明显标记标出该层海排灰材料的设计标高并计算松铺厚度，进行水平测量，在两侧指示桩上用明显标记标出碎石基层的设计标高。

(3)应逐个断面检查下承层标高是否符合设计要求，下承层标高误差应符合规范

规定。

3. 备料

(1)石灰应贮存在仓库中,以防淋雨变质。海排灰可露天堆放,但需要洒水,改变其状态(通常含水量控制在15%～20%)以防飞扬,也可以在料堆表面适当覆盖。采用符合规定的消解石灰或生石灰,石灰使用前应充分消解,过10mm筛并尽快使用,不得含有灰团和生石灰块。

(2)料堆中的部分可能凝结,在使用前应将其粉碎。

(3)雨季施工时海排灰和细集料应局部覆盖,避免雨淋过分潮湿,否则将严重影响材料的配合比和拌和机的生产能力;水泥要注意防潮。

(4)因石灰、海排灰为厂拌,应及时投入使用,如石灰衰减,混合料中石灰剂量达不到设计要求,适当加大石灰剂量。

(5)原材料应分类堆放,严禁不同材料混堆。

5.2.2.2 海排灰碎石基层、底基层施工工艺

营口沿海产业基路基层、底基层混合料采用中心站集中拌和法,利用摊铺机摊铺混合料,保证碾压及整形的全部过程都能及时完成。基层、底基层养生期为7～14d。基层、底基层施工工艺见流程图5-3。

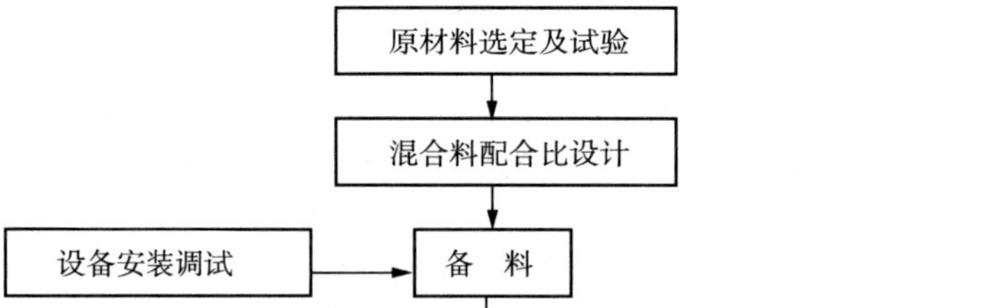

图5-3 底基层、基层施工工艺流程图

1. 拌和

基层、底基层施工采用中心站集中拌和法施工，拌和设备可采用稳定土厂拌设备也可采用强制式拌和机。结合辽宁省其他地市的施工实例和我国路面基层施工规范，建议基层、底基层混合料应采用专用的基层集中厂拌机械拌制。

(1)集中拌和时，必须掌握下列各个要点：

① 石灰、海排灰要粉碎；

② 配料要准确；

③ 含水量要略大于最佳值，使混合料运到现场、摊铺后碾压时含水量能接近最佳值；

④ 拌和要均匀。

(2)采用连续式的稳定土厂拌设备时，各种规格的集料也各自一个仓，应保证原集料的最大粒径和级配都符合要求，配料应准确，应先筛除原集料中不符合要求的颗粒。

(3)结合料可分仓也可预先拌和放在一个仓里，掺拌好的结合料至少要闷料 24 小时才能使用。

(4)在正式拌制基层、底基层混合料之前，必须先调试所用的厂拌设备至最佳状态，同时使混合料的颗粒组成和含水量都达到规定的要求。由于石灰稳定碎石在施工过程中水分散失较快，所以拌和时应特别注意控制含水量，应根据集料和混合料含水量的大小，及时调整拌和室中添加的水量。原料的颗粒组成发生变化时，应重新调试设备。

(5)按施工配合比进行拌和。拌和时，几个皮带轮附近及下料仓均设专人监管，发现异常立即停拌，查找原因并予以纠正。

(6)拌成的混合料堆放时间不宜超过 24h，宜在当天将拌成的混合料运送到铺筑现场，不应将拌成的混合料长时间堆放。

(7)每天上、下午各取一次混合料试样做试验，检查混合料是否符合设计要求，每周分析一次检测结果，检查生产是否正常。

2. 运输

厂拌的基层、底基层混合料宜采用高马槽、大吨位、车况较好、保水性好的自卸汽车来运输，以减少混合料在空气中暴露的面积。如果运输距离长或混合料在运输过程中可能变干，应该用适当的布将其覆盖，以防止水分损失或沿路扬尘。

(1)当采用摊铺机进行基层的面层施工时，厂拌设备、运输车辆及摊铺机的生产率应尽可能配套，保证施工连续性，运输车辆的数量应根据运距、拌和及摊铺速度来定。

(2)在装料前及卸料后均应清理车箱底，防止混合料凝结。

(3)远于 20 公里的远距运输应覆盖彩条布，以防水分损失过多，出料及铺筑时的卸料高度应控制在 1.5m，以防离析。

(4)在连续摊铺过程中，运料车在摊铺机前 0.1～0.3m 处停住，不得撞击摊铺机，卸料过程中运料车挂空挡，靠摊铺机推动前进。

3. 摊铺

基层、底基层混合料运到工地后，应该尽可能摊铺均匀，并尽量减少手工操作。需做到以下几点：

(1)沿海产业基地道路需采用沥青摊铺机或专用稳定土摊铺机摊铺混合料，并应分两幅阶梯同步摊铺，尽量避免纵向横向接缝。

(2)在摊铺混合料前应先试铺一段，以准确确定松铺系数，摊铺机采取一侧钢丝绳引导摊铺水泥海排灰碎石的作业方式，不仅有利于铺筑层高程控制，而且有利于控制基层的厚度和平整度。

(3)摊铺机摊铺混合料宜慢而匀，少停顿，摊铺机的车速度一般为 2～4m/min，摊铺机在摊铺过程中不得随意变换速度或中途停顿。这就要求拌和机与摊铺机的生产能力应互相协调，运输能力必须相应保障。如拌和机的生产能力较低，在用摊铺机摊铺混合料时，应采用最低速度摊铺，减少摊铺机停机待料的情况，以免影响路面基层甚至于面层的平整度。

(4)基层、底基层一次摊铺宽度大于 8m 的路幅，宜采用两台摊铺机梯队式进行摊铺作业，采用的摊铺机型号和性能相同或相近，将有利于摊铺混合料的横向均匀性。

(5)在摊铺机后面应设专人消除粗细集料离析现象，特别是局部粗集料窝或粗集料带应该铲除，并用新混合料填补，或补充细混合料并拌和均匀。

(6)当设计厚度超过一层铺筑厚度时，应该分层摊铺。在分层摊铺的情况下，两层之间的间隔时间应尽可能缩短，在下层还没有结硬之前就铺筑上层。上下层最好在同一天铺筑，如不能实现同一天铺筑，应该采取措施保证两层之间的粘结。特别是在下层表面上不应有松散材料，在摊铺上层碎石混合料前，下层的表面应是潮湿的。

4. 碾压

压实是铺筑混合料的关键，在现场达到高的相对密实度可使混合料具有良好的性能。钢轮压路机、轮胎压路机、振动压路机等都可被用来有效地压实海排灰碎石混合料。由于海排灰碎石混合料中主要粒料在压实时很少有粘性，甚至没有粘性，所以轮胎压路机和振动压路机是最适宜的压实工具。一般的经验是先用 CA25 压路机关闭振动系统静压一遍，使其初步密实，压实度达到 80%～85%左右，松铺系数在推土机摊开整形后为 1.25，初压后为 1.10，然后用 CA25 振压 2 遍，最后再用 2 台 18～21t 三轮压路机呈梯形静压，直至压实度符合要求且无明显轮迹为止，需静压三遍，见图 5-4。

图 5-4　海排灰碎石基层摊铺和压实

总之，要达到合格的压实度应注意以下几点：

(1)处理好下承层，以免在软的土基或下基层上摊铺和压实底基层混合料，致使路面在使用过程中弯沉值太大，影响路面使用性能。

(2)整理好下承层后，根据路宽、压路机的轮宽和轮距的不同，制定碾压方案。当混合料的含水量大于最佳含水量的1%～2%时，应立即用轻型压路机并配合12t以上压路机在结构层全宽内进行碾压。

(3)碾压时，先用较轻的压路机进行初压，然后用重型钢轮压路机，以便产生一个平整的表面。直线和不设超高的平曲线段，由两侧路肩向路中心碾压；设超高的平曲线段，由内侧路肩向外侧路肩进行碾压。碾压时，应重叠1/2轮宽；后轮必须超过两段的接缝处，后轮压完路面全宽时，即为一遍。一般需碾压6～8遍。压路机的碾压速度，头两遍以采用1.5～1.7km/h为宜，以后宜采用2.0～2.5km/h。

(4)采用人工摊铺和整平的基层或底基层，宜先用拖拉机或6～8t两轮压路机或轮胎压路机碾压1～2遍，然后再用重型压路机碾压，应使各部分碾压到的次数尽量相同，路面的两侧应多压2～3遍。

(5)碾压过程中，海排灰碎石基层、底基层表面应始终保持湿润。应派专人随时观察混合料含水量的变化，如表面水分蒸发过快，应及时补充水分。

(6)海排灰碎石混合料在加水拌和后可以有较长的时间进行有效的压实。在美国，建议在拌和后的4h内进行压实，通常应该尽快完成压实，以避免水分损失和由于初凝而影响压实度。我国规范规定在拌和后24小时内完成碾压。一些工程实践证明：适当延迟混合料的压实成型时间可以增加混合料中碱性溶液的浓度，有利于火山灰反应的进行而使混合料的早期强度获得显著的提高；同时适当延迟混合料的压实成型时间，也将有助于消除石灰未消解颗粒因延缓消解的体积膨胀对基层的影响。因此，基层、底基层的施工，一般不宜在混合料摊铺的当日即行充分压实，而采用铺筑的当日基本碾压成型，必要时(尤其是夏季晴日)适量洒水过夜，隔日再行复压密实的施工工艺。

(7)严禁压路机在已完成的或正在碾压的路段上调头或急刹车，应保证稳定土层表面不受破坏。

5. 接缝

(1)横缝的处理。两工作段的搭接部分，应采用对接形式。前一段拌和后，留5～8m不进行碾压。后一段施工时，将前段留下未压部分，一起再进行拌和、整型和碾压。每天施工结束时，将末端混合料修整成一垂直于中线的断面，然后进行碾压，碾压后会出现一个斜坡，第二天铺筑新的混合料前将此斜坡与不符合设计标高处一并挖除，并修整成一横向与公路中线垂直向下的断面。施工时应重叠在已铺层上5～10cm，按松铺高度继续摊铺新的混合料。

(2)纵缝的处理。基层、底基层的施工应该避免纵向接缝，在必须分两幅施工时，纵缝必须垂直相接，不应斜接，纵缝应按下述方法处理：

① 在前一幅施工时，在靠中央一例用方木或钢模板做支撑，方木或钢模板的高度与稳定土层的压实厚度相同。

② 在混合料拌和结束后，靠近支撑木(或板)的一条带，应人工进行补充拌和，然后进

行整型和碾压。

③ 在铺筑另一幅时或在养生结束后，拆除支撑木(或板)。

④ 第二幅混合料拌和结束后，靠近第一幅的一条带，应人工进行补充拌和，然后进行整型和碾压。注意在摊铺另半幅前，将前半幅切除10～30cm，切除宽度视损坏宽度而定，但必须保证无松散、空洞、不密实部位，所切断面平顺垂直。摊铺另一幅时，将断面洒水湿润以使两幅结合牢固。

6. 养生与交通管制

养生期间每次要少洒水，勤洒水，始终保持基层、底基层表面处于湿润状态。养生期一般为7～14d，至少7d。

(1)基层、底基层混合料碾压完成后的第二天或第三天开始养生，通常采用洒水养生法。每天洒水的次数视气候条件而定，应始终保持表面潮湿或湿润。

(2)必要时采用覆盖养生方法，也可用沥青乳液和沥青下封层进行养生。

(3)在养生期间，除洒水车外，应封闭交通。

(4)养生期结束，应立即喷洒透层沥青或做下封层，并在5～10d内铺筑沥青面层。在喷洒透层沥青后，宜撒布3～8mm或5～10mm的小碎石，小碎石约撒布60%的面积(不完全覆盖，但均匀覆盖60%的面积，露黑)。

(5)当基层、底基层分层施工时，下层碾压完毕后，可以立即在上铺筑另一层，不需专门的养生期，也可以养生7d后再铺筑另一层。

5.2.2.3 海排灰碎石基层、底基层施工中常见问题及处理方法

1. 混合料的离析

所谓离析是指物料混合过程中，大粒径料与小粒径料非人为的分别聚集的状态(或现象)。离析与随机最佳混合相对应，属于严重不均匀混合状态。

(1)离析原因

①混合料来源不同。由于拌和能力不足，同一铺筑现场使用的混合料由几个拌和厂供料。这种供料方式能缓解拌和机供料不足的矛盾，但是也带来了不同拌和厂所使用的材料不同、实际配合比不同等问题，从而导致混合料离析。

②集料变异性大。集料没有专业化生产料场，不同的料场之间岩石性质不同，加工机械不同导致加工的集料规格不同，从而导致集料来源杂、变异性大、质量不稳定。不同性质石料、不同规格集料相互掺和使用，级配变化太大，往往不能达到配合比设计要求，容易造成离析。

③装料、卸料操作不规范。拉料车在装料时，不能及时地前后移动接料的位置，使混合料过于集中堆积，发生粗、细料的离析。在运料中，由于路况不好运距较远，混合料经过剧烈颠簸而形成粗、细料的离析。

④现场摊铺机调试不当。摊铺机的螺旋拨料器在向两侧摊铺时，在加长的接头部位，如调整不好，往往会有一个不平顺的坎，摊铺的混合料在这里也会离析。

(2)预防措施

①保证混合料的均匀性。严格控制原材料的料源，同一路段选用同一厂家、同一规格的破碎设备生产的同一规格的集料。集料存放在坚硬而干净的地坪上，采取隔离墙将

规格不同的各种集料有效分隔开来。

②规范操作方法。混合料从搅拌机卸出到运输车辆的过程中，将装料车随混合料的装入缓慢移动，避免混合料堆积造成粗细集料在装料过程中分离；现场卸料时料车移动要缓慢均匀，避免与摊铺机碰撞，碾压要尽量做到速度均匀，轮迹重叠宽度一致，碾压遍数相同，使各个环节操作规范并保证摊铺的连续。

2. 表层含水量的散失

基层、底基层混合料强度形成是在液相状态下反应产生的，因此其混合料若无足够的水分将不能形成半刚性结构，达不到预期强度。而基层和底基层在摊铺、整型过程之后，其表层的混合料含水量蒸发、散失较多，极不利于其强度的形成，这需要特别引起注意。解决这一常见问题，要求做到以下几点：一要缩短基层摊铺与整型的时间；二要根据实际情况洒水补充损失的含水量，保湿养生也是强度形成的关键；三要碾压及时，以保证表层混合料能在最佳含水量的情况下碾压到位。

3. 基层、底基层的雨季施工

海排灰碎石基层、底基层在温度高的情况下施工，其强度增长很快。在雨季施工的基层、底基层，便于保湿养生。但雨季施工时，雨水容易对初期强度低且未成型的基层、底基层形成冲刷，尤其是表层的结合料容易被冲掉，造成结合料流失，致使基层不成型。另外雨季施工易造成材料被雨淋后含水量过大，拌和时混合料含水量不易控制。因此海排灰碎石基层、底基层进行施工时，应首先了解几天内的天气情况，应尽量选择天气好的时间施工，尽量使施工不中断，减少施工缝。对于料场材料应进行覆盖保护，对刚完成的基层、底基层进行薄膜养生，以防雨淋，雨季施工还应搞好路面排水等。

5.2.2.4　海排灰碎石基层、底基层平整度的控制

1. 影响平整度的因素

(1)路基平整度对底基层平整度影响。若土基纵断高程、路拱度、表面平整度在实际检测中超出容许范围，造成土基合格率很低，平整度极差。土基较差的平整度就会转嫁到了基层，势必影响基层的平整度。

(2)摊铺机速度对平整度影响。如果摊铺机的速度过快，会因运输车辆或生产搅拌能力不足发生停车待料现象，从而会在熨平板位置产生一道横向凸痕；若摊铺机速度快慢不均，则会导致摊铺密度不均，这样碾压过程中会产生搓板和波浪现象，从而影响平整度的质量。

(3)运输车影响平整度。卸料时，若运输车撞击到摊铺机料斗，就会使摊铺层发生凸楞；运输车卸料过急，易使溢出的混合料堆积在摊铺机面前，既影响摊铺作业的连续性，又会因清除的及时性和彻底性使摊铺层厚度发生突然变化；同时运输车在新铺基层上调头、刹车、停留，也会使混合料产生推移，造成局部的不平整。

(4)碾压影响平整度。碾压时局部过碾，形成压痕或深度轮迹超差现象；碾压程序控制不正确，也会造成局部不平整。

(5)基层、底基层养生期管理不当影响平整度。基层、底基层在养生期，由于自身施工车辆及其他车辆的通行，人为地造成了基层的不平整。

2. 平整度控制措施

(1)防治土基平整度差的措施。底基层施工前，应对土基进行全面检查，如超出容许

范围，必须进行全面整修，使之达到标准。底基层施工时，要根据土基标高、拱度及宽度放出底基层标高、拱度、铺筑高度，以保证土基与底基层的施工衔接，纠正小的偏差从而减少土基对底基层平整度的影响。

(2)摊铺机速度的控制措施。摊铺机应经常进行检修和保养；应该根据运输车辆的多少、运距的远近、摊铺宽度及厚度等诸多因素来确定合理的摊铺速度，保证摊铺作业的连续性和均衡性。

(3)运输车的控制措施。坚持正确的卸料方法，即运输车缓慢靠近摊铺机，在距摊铺机 10～30cm 处稍加制动使其停车，慢慢提升车厢至相应高度，使混合料缓慢卸落，然后靠摊铺机推动前进。

(4)碾压措施。遵守正确的碾压原则，即由低到高、由内到外、由两边到中心，必要时可对角碾压：坚持合理的碾压程序，按初压、复压、终压三个阶段连续进行，中间不应有停顿，直至成型；应根据压路机数量和机型确定一次碾压的长度，同时压路机应跟随摊铺机呈阶梯状碾压，避免在折回处产生轮迹。

(5)养生期管理措施。基层、底基层养生期要加强养生，并用稻草覆盖，在此期间经常保持表面湿润，除洒水车外不准任何车辆通行，避免基层、底基层破坏，影响平整度。

5.2.2.5　海排灰碎石基层、底基层的防裂措施

1. 基层裂缝产生的原因分析

(1)基层、底基层的材料受环境气候变化的影响。由于在施工过程中结构表面临空，基层、底基层受大气气温和含水量的影响，会发生温缩与失水现象，且会产生较结构层底面大的变形，而基层、底基层材料强度的形成需要很长一段时间，在基层、底基层的稳定强度没有完全形成时，就会产生了温缩和干缩裂缝，并随着环境、气候条件的变化而发展。

(2)基层、底基层混合料碾压时含水量偏大。根据统计，基层、底基层混合料碾压时的含水量一般为 8%～10%，比最佳含水量高 2%～4%，因此易产生干缩裂缝。

(3)压实度不足和压实不均。在路基填筑过程中，如果压实度不足和压实不均，在铺筑路面基层、底基层后，有可能造成基层、底基层表面开裂。

(4)养护因素。基层、底基层碾压结束后，如未及时采取洒水养护或未能连续施工也是基层、底基层表面出现干缩裂缝的原因之一。因基层、底基层混合料早期强度不高，当其整体强度较低时，就允许施工车辆和运料车通行，也会造成基层的结构破坏，表面出现不规则裂缝。

(5)原材料性质及混合料配合比的影响。基层混合料是由水泥、海排灰、集料和水四部分按一定配比组合而成。从材料组成来看，碎石是其中含量最多的部分，一般要占材料干重的 85%左右，随着集料含量的增加，整体材料的空隙率大大减小，同时材料的比表面积和含水量也降低，在基层混合料的使用过程中碎石发生收缩的可能性最小，一般认为碎石的掺入对基层混合料收缩起抑制作用。基层混合料中的水泥和海排灰具有较集料大得多的温缩和干缩系数，因而基层混合料的收缩可以认为是由水泥和海排灰的收缩导致的。

2. 裂缝防治措施

(1)合理确定水泥、石灰、海排灰用量。水泥、石灰、海排灰是用来填充和胶结集料

的，通过统计，我们发现调整配合比，降低水泥、海排灰比例，裂缝数量就会有所减少。应尽量加大集料在混合料中的含量，采用水泥与海排灰的配合比为 5∶10，集料含量为 85%左右为最佳，既可抗干缩又可抗温缩。

(2)混合料含水率不能过大。掌握好高、低温施工时的含水量。施工期间气温高，水分蒸发快，为了便于碾压成型，施工时混合料含水量均大于最佳含水量。但若尺度掌握不准超量补水，在气温转低时往往会造成板底收缩，产生板底次拉应力，为日后产生干缩裂缝埋下隐患。

(3)注意施工时间和养护。北方地区的气候特点昼夜温差大，施工时尽可能避开中午，避免长时间曝晒。有条件地段可薄膜覆盖，别的地段增加洒水次数，并且养生到后期应及时洒透层油和进行沥青面层施工。养生期间应严禁车辆通行。

(4)减少细集料用量、增加粗集料用量。适当减少细集料用量、增加粗集料用量，以增大集料的空隙率，采用水泥、海排灰填充，同样可以达到避免缩裂的目的。

(5)另外，在基层混合料中掺入纤维等加筋材料，也是减少半刚性基层早期裂缝的有效途径。

5.3　海排灰碎石基层、底基层现场检测

2006 年 4～5 月，对澄湖东路和新富大街试验路段底基层、基层进行了施工，并对其进行了现场跟踪检测。

5.3.1　路面基层、底基层检测内容及现场质量检验标准

路面底基层、基层检测内容包括：

(1)对原材料的检测。包括 CaO、MgO 含量，碎石或沙砾的压碎值，级配是否满足要求。海排灰烧失量等指标在室内试验阶段已经检测过，故这里不再重复。

(2)试验路段的检测。包括压实度、弯沉、在现场取样并测定无侧限抗压强度。

现场质量检验标准如表 5-4。

表 5-4　海排灰碎石基层和底基层质量检验标准

项次	检查项目		规定值或允许偏差		检查方法和频率
			基　层	底基层	
1	压实度(%)	代表值	97	95	按灌砂法检查，每 100m 每车道 2 处；每碾压作业段检验不得少于 1 处，并小于 1000 平方米。
		极值	93	91	
2	弯沉值(0.01mm)		符合设计要求	符合设计要求	按有关方法检查
3	强度(MPa)		符合设计要求	符合设计要求	按有关方法检查

5.3.2 检测结果和分析

验证本课题"海排灰"材料筑路可行性的路用性能指标主要是7d弯沉、7d无侧限抗压强度和压实度指标。

5.3.2.1 现场弯沉值检测

(1)对澄湖东路三灰碎石底基层进行养生7d弯沉检测,结果见表5-5[80]。

表5-5 三灰碎石底基层养生7d回弹弯沉结果

序 号	桩号	各行车道回弹弯沉(0.01mm)			
		1	2	3	4
1	K0+030	37	37	28	37
2	K0+050	29	39	19	26
3	K0+070	27	33	15	30
4	K0+090	36	16	30	28
5	K0+110	27	33	29	26
6	K0+130	24	28	19	25
7	K0+150	16	13	17	15
8	K0+170	21	20	18	23
9	K0+190	19	18	21	22
10	K0+210	25	26	20	23
11	K0+230	28	32	23	30

由表5-5看出:共测44点。经计算:平均值L=25.18(0.01mm);标准差S=6.7(0.01mm);代表值为38.58(0.01mm)。代表值小于施工控制弯沉72.5(0.01mm),说明三灰碎石底基层强度满足要求。

(2)对新富大街三灰砂砾底基层进行养生7d弯沉检测,结果见表5-6。

表5-6 三灰砂砾底基层回弹弯沉结果

序 号	桩号	各行车道回弹弯沉(0.01mm)			
		1	2	3	4
1	K0+040	30	36	28	30
2	K0+060	20	40	26	36
3	K0+080	28	44	38	34
4	K0+100	30	36	24	26
5	K0+120	24	28	28	34
6	K0+140	16	24	42	60

（续表）

序　号	桩号	各行车道回弹弯沉(0.01mm)			
		1	2	3	4
7	K0＋160	16	24	36	52
8	K0＋180	32	30	30	62
9	K0＋200	16	14	26	36
10	K0＋220	16	28	42	76
11	K0＋240	16	32	36	40

由表 5－6 看出：共测 44 点，3 点特异值分别为 K2＋700　L_4＝60(0.01mm)；K2＋740　L_4＝62(0.01mm)；K2＋780　L_4＝76(0.01mm)为特异值去掉。经计算：平均值为 29.85(0.01mm)；标准差为 8.4(0.01mm)；代表值为 51.3(0.01mm)。代表值小于施工控制弯沉 72.5(0.01mm)，说明三灰砂砾底基层强度满足要求。

(3)对澄湖东路水泥海排灰碎石基层进行养生 7d 弯沉检测，结果见表 5－7。

表 5－7　水泥海排灰碎石回弹弯沉结果

序　号	桩号	各行车道回弹弯沉(0.01mm)			
		1	2	3	4
1	K0＋040	10	8	12	8
2	K0＋060	8	4	14	6
3	K0＋080	4	12	6	14
4	K0＋100	10	8	12	10
5	K0＋120	12	18	10	12
6	K0＋140	8	14	16	14
7	K0＋160	18	10	10	14
8	K0＋180	4	14	8	4
9	K0＋200	10	14	6	8
10	K0＋220	12	18	10	12
11	K0＋240	10	4	8	14

由表 5－7 看出：共测 44 点。经计算：平均值为 10.41(0.01mm)；标准差为 3.85(0.01mm)；代表值为 19.92(0.01mm)。代表值小于基层施工控制弯沉 32.5(0.01mm)，说明水泥海排灰碎石基层强度满足要求。

由三灰碎石底基层、三灰砂砾底基层、水泥海排灰碎石基层试验路段的弯沉检测结果可以看出，海排灰在该配合比下满足弯沉设计指标。

5.3.2.2　现场 7d 无侧限抗压强度检测

对三灰碎石底基层、三灰砂砾底基层、水泥海排灰碎石基层各试验路段，碾压完成后，每间隔 20m 现场钻心取样，养生 7d 做无侧限强度试验，得到试验结果见表 5－8[80]。

表5-8　试验路段现场钻心取样7d无侧限强度检测

澄湖东路三灰碎石底基层		新富大街三灰砂砾底基层		澄湖东路水泥海排灰碎石基层	
桩号	强度值(MPa)	桩号	强度值(MPa)	桩号	强度值(MPa)
K0+030	2.398	K2+600	1.05	K0+040	3.06
K0+050	2.047	K2+620	1.00	K0+060	2.97
K0+070	2.232	K2+640	1.10	K0+080	3.17
K0+090	2.079	K2+660	1.17	K0+100	3.03
K0+110	2.189	K2+680	1.26	K0+120	3.12
K0+130	2.482	K2+700	1.11	K0+140	3.35
K0+150	2.351	K2+720	1.00	K0+160	3.17
K0+170	2.207	K2+740	1.07	K0+180	3.08
K0+190	2.287	K2+760	1.05	K0+200	3.05
K0+210	2.078	K2+780	1.04	K0+220	3.17
K0+230	2.030	K2+800	1.15	K0+240	3.07

通过现场钻心取样做7d强度试验，发现试样的强度都基本满足基层3.0MPa、底基层0.9MPa的施工要求。说明海排灰材料在该配合比下满足强度设计指标。

5.3.2.3　现场压实度检测

对三灰碎石底基层、三灰砂砾底基层、水泥海排灰碎石基层各试验路段每50m用灌砂法做压实度试验，得到检测结果见表5-9[80]。

表5-9　试验路段现场压实度检测

澄湖东路三灰碎石底基层		新富大街三灰砂砾底基层		澄湖东路水泥海排灰碎石基层	
桩号	压实度(%)	桩号	压实度(%)	桩号	压实度(%)
K0+030	97.1	K2+600	98.1	K0+040	98.8
K0+080	98.2	K2+620	96.0	K0+060	99.8
K0+130	96.8	K2+640	98.1	K0+080	97.0
K0+180	98.6	K2+660	99.9	K0+100	97.4
K0+230	97.7	K2+680	98.1	K0+120	97.7
K0+280	99.0	K2+700	97.5	K0+140	98.2
K0+330	96.5	K2+720	96.2	K0+160	97.6

通过现场压实度试验，海排灰碎石基层压实度均不小于97%和底基层压实度均不小于95%质量检验标准。

通过压实度、弯沉、在现场取样并测定无侧限抗压强度，证明海排灰基层、底基层各项指标均能达到规范要求。

5.4 海排灰碎石基层、底基路面长期性能观测

2006 年 6 月，试验路段进行了沥青混凝土面层施工，随后进入了长期性能观测阶段。长期性能观测内容主要是两部分：另一部分是路面破损状况，一部分是弯沉检测。

从 2006 年 6 月到 2008 年 3 月，通过对试验路段破损状况调查，未发现试验路段有任何表面破损。2008 年 2 月澄湖东路试验路段发现一条 3mm 宽的横向通缝，现场调查，横向通缝下方为排水管道。经分析，这条横缝系管道下沉所致，与海排灰基层、底基层结构无关。新富大街试验路段未发现任何横向通缝及其他问题。

自从铺设完成试验路段沥青路面以来，对澄湖东路试验路段共进行过三次面层弯沉检测。第一次是试验路段刚铺完第二天，第二次是 2007 年 3 月 30 日，第三次是 2008 年 3 月 29 日。后两次检测的选择时间为春融最不利的季节，检测到的弯沉数据如表 5－10 所示。

表 5－10 澄湖东路试验路路面弯沉检测结果

序号	桩号	第一次检测各行车道回弹弯沉(0.01mm)				第二次检测各行车道回弹弯沉(0.01mm)				第二次检测各行车道回弹弯沉(0.01mm)			
		1	2	3	4	1	2	3	4	1	2	3	4
1	K0＋030	12	13	15	11	8	7	8	9	4	4	3	6
2	K0＋050	8	11	9	10	6	5	4	5	3	5	4	5
3	K0＋070	13	14	10	14	7	3	5	6	6	4	6	3
4	K0＋090	11	13	15	11	6	8	6	8	4	7	8	6
5	K0＋110	10	13	14	14	8	6	5	4	5	7	7	6
6	K0＋130	12	14	10	12	7	7	3	5	6	5	5	5
7	K0＋150	12	16	13	13	8	4	5	6	6	4	5	4
8	K0＋170	13	15	14	13	6	5	5	7	7	6	6	8
9	K0＋190	9	11	14	15	7	3	5	6	5	6	5	6
10	K0＋210	13	13	12	11	10	8	8	7	7	6	5	5
11	K0＋230	12	12	15	10	5	4	5	6	6	6	5	6
	计算结果	平均值 $\overline{L}$＝12.39 标准差 S＝1.88 代表值 L＝16.15				平均值 $\overline{L}$＝6.05 标准差 S＝1.66 代表值 L＝9.36				平均值 $\overline{L}$＝5.41 标准差 S＝1.23 代表值 L＝7.86			

由表 5－10 看出：三次弯沉检测，代表值越来越小，这说明海排灰半刚性基层随着时间的增长，强度越来越大，反映到路表弯沉越来越小。

虽然试验路段正承受着各种建设时期的重载交通（图 5－5），但通过对近两年（两个冻融循环）的观测，道路各项性能良好[80]。说明在本书研究基础之上，海排灰应用道路基

层及底基层建设非常成功。因此推荐图5－1和5－2路面结构型式为海排灰基层及底基层的典型道路结构。

图5－5　海排灰碎石基层及底基层试验路段在重载交通条件下表现良好

5.5　经济和社会效益分析

建设辽宁(营口)沿海产业基地,规划120平方千米,需要修建1200万平方米的道路,道路基层建设需要600万吨左右的粉煤灰。营口及周边地区粉煤灰生产及储存的粉煤灰仅为70多万吨,远远不能满足产业基地建设需要。同时当地粉煤灰价格高,达到24元/吨。产业基地如果到远的地方比如鞍山买粉煤灰,运到现场的价格每吨将达到40多元。鲅鱼圈电厂的海排灰免费供应,加上路费到现场费用为每吨七八元。这样营口沿海产业基地如果全部使用海排灰,直接经济效益将达到一亿元以上。到目前为止,辽宁(营口)沿海产业基地一期400万平方米的道路建设,已经建成的300万平方米,道路基层和底基层全部使用海排灰,海排灰用量100万吨,已取得的直接经济效益已超过3000万元。

如果考虑治理海排灰环境污染减少的成本,本项目的经济效益更为可观。本书研究成果不仅使鲅鱼圈电厂的海排灰可以应用于道路基层、底基层,其他地区的几亿吨储量的海排灰也都能应用于道路基层,其经济效益将影响深远。

随着我国经济向纵深发展,节省资源、发展循环经济、保护环境成为政府大力推广的政策。海排灰用于道路建设将会减少环境污染,节省大量道路建筑材料。因此,针对粉煤灰需求巨大,而海排灰储存又很丰厚,该项目市场前景巨大。

5.6　本章小结

为了验证基于海排灰的三灰碎石、三灰砂砾和水泥海排灰碎石材料作为路面结构底基层、基层材料的施工可行性,在前几章研究的基础之上,本章选取沿海产业基地澄湖东路和新富大街道路施工作为试验路段跟踪检测。根据试验路段施工总结出一套适合辽宁(营口)沿海产业基地海排灰基层、底基层施工的关键技术和技术指标,为海排灰推广应用打下良好基础。具体有如下内容:

(1)根据本书室内试验和理论分析成果以及当地资源情况,确定了澄湖东路和新富大街试验段的路面结构型式。

(2)确定了原材料技术指标。海排灰技术指标除满足相关规范要求外,湿海排灰含水量不宜超过 35%。氯离子含量不要超过 1.5%,否则海排灰需要降盐处理。

(3)本文推荐施工配合比为基层材料配合比为水泥∶海排灰∶碎石=5∶10∶85;底基层材料为水泥∶石灰∶海排灰∶碎石=2∶10∶43∶45。本章还通过对鲅鱼圈灰池中不同区域的海排灰进行重型击实试验,提出了混合料最佳含水量和最大干密度的范围,以作为基层、底基层施工中的参考。

(4)提出海排灰碎石基层、底基层施工关键技术。给出海排灰碎石基层、底基层施工工艺,以及施工时的注意要点。

(5)指出海排灰碎石基层、底基层施工中常见问题及处理方法。包括混合料的离析原因及预防措施;表层含水量散失的防止措施;雨季施工的要点;平整度控制措施。

(6)试验路段的检测。包括压实度、弯沉、在现场取样并测定无侧限抗压强度。通过各项现场检测证明海排灰基层、底基层各项指标均能达到规范要求。

(7)经过对试验路段的长期观测,路面各项性能良好,说明海排灰用于道路基层及底基层建设是成功的。因此,推荐图 5-1 和 5-2 路面结构型式为海排灰基层及底基层路面典型结构。

(8)经济效益分析。到目前为止,辽宁营口沿海产业基地道路总规划面积 1200 万平方米,全部使用海排灰,直接经济效益将达到 2 亿元以上。通过本书研究说明,不仅鲅鱼圈电厂的海排灰可以应用于道路基层,其他地区的几亿吨储量的海排灰如果也都能应用于道路基层,其经济效益将非常深远。

主要结论与进一步研究设想

1. 主要结论

(1)通过对原材料的试验,确定了海排灰的物理力学性质。鲅鱼圈海排灰各样本中化学成分 SiO_2加 Al_2O_3含量均大于 76%,烧失量最大为 3.16%,满足《粉煤灰石灰类道路基层施工及验收规程》规定。经过筛分试验发现海排灰粒度偏粗,不满足上述规范的规定,属于低活性粉煤灰。经化学分析,海排灰的氯盐含量一般为 0.80%左右。

(2)以抗压强度为控制指标,采用连续级配的理论计算方法——最大密度曲线 n 法,对水泥海排灰碎石材料集料的级配进行了研究。通过计算分析和强度试验最终确定水泥海排灰碎石基层的集料级配范围。从海排灰、水泥、石灰的品质入手,对水泥、石灰与海排灰最优比例的影响因素进行分析,并通过试验确定了水泥海排灰中水泥、海排灰的最佳比例和三灰中水泥、石灰、海排灰的最佳比例。根据配合比试验,采用鲅鱼圈海排灰作水泥海排灰稳定碎石基层的最佳配合比为水泥∶海排灰∶碎石=5∶10∶85;三灰底基层的最佳配合比为水泥∶石灰∶海排灰∶碎石=2∶10∶43∶45。

(3)通过水泥海排灰碎石和水泥石灰海排灰碎石混合料的路用性能试验,得到抗压强度、劈裂强度和回弹模量等路用性能随养生时间的变化规律:①水泥海排灰碎石早期强度增长较快,当达到 80d 左右时,强度增长速度开始缓慢;基于海排灰的三灰碎石早期抗压强度增长缓慢,当达到 30d 左右时,强度增长速度开始加快。从强度增长趋势来看,水泥海排灰稳定碎石混合料和三灰碎石后期强度接近。②基于海排灰的水泥海排灰碎石早期劈裂强度增长都较快,当达到 30d 左右时,劈裂强度增长速度开始缓慢。从劈裂强度增长趋势来看,水泥海排灰稳定碎石混合料和三灰碎石后期劈裂强度相差不大。③基于海排灰水泥海排灰碎石和三灰碎石的回弹模量在 180d 龄期内,基本上呈线性变化,并且回弹模量值增长较快。从回弹模量增长趋势来看,水泥海排灰稳定碎石混合料和三灰碎石后期回弹模量还要增长,且变化趋于一致。

(4)把海排灰和普通粉煤灰按同样配比制成水泥海排灰、三灰结合料试件,养生 3d 和 28d,通过 X 射线衍射分析比较,由此得到:普通粉煤灰的水泥海排灰结合料养生 3d 时,氢氧化钙的衍射峰强度稍高一些,其他物质的衍射峰强度相差不大。普通粉煤灰的水泥海排灰结合料始终未发现"Friedel"盐晶体;海排灰中如不额外加氯离子,由于本试验采用的海排灰中氯离子含量不大,不外掺氯离子时,海排灰结合料养生 3d,28d,并未发现有 Friedel 盐生成,这是由于混合料中氯离子含量低,生成的 Friedel 盐很少,试验检测不到。把同样的结合料通过电镜分析比较发现:普通粉煤灰结合料的水化反应比海排灰结合料的水化反应充分，但海排灰球体表面也有火山灰反应的蚀痕，这说明普通粉煤灰的活性好于海排灰的活性，但海排灰结合料也能发生水化和火山灰反应，只是形成过程稍慢了一些。

(5)通过对不同氯盐含量海排灰的水泥海排灰结合料、三灰结合料，养生 3d 和 28d 的 X 射线衍射分析比较发现：养生 3d 时，当在海排灰中额外加入氯离子时，发现 NaCl 晶体的衍射峰有所加强，并且未发现含 Cl^- 水化物晶体；水化物的衍射峰强度普遍下降，说明未固化的 Cl^- 对混合料的水化反应起到了一定的抑制作用。养生 28d 时，发现 NaCl 晶体的衍射峰强度有所下降，同时发现少量“Friedel”盐晶体。通过电镜分析比较得到：结合料的含盐量越多，凝胶物质的生成量越少，试样越松散。说明海排灰氯盐含量多大，氯离子不能被完全固化，游离的氯离子抑制了结合料之间的水化和火山灰反应。

本书还分析了海排灰中粉煤灰与水泥、石灰基结合料的化学反应；探讨了粉煤灰-水泥体系对海排灰中氯离子的固化机理。

(6)本书从基层和底基层材料的抗压强度、抗冻性能、干缩、温缩性能及冲刷性能等方面，进行了海排灰中氯盐含量对混合料路用性能影响的研究：

① 无侧限抗压强度方面：氯盐含量对基层和底基层材料的初期强度一般影响不大，还起到早强剂的作用。水泥海排灰碎石中海排灰的最佳氯离子含量在 1.3%左右时，早期强度最高。三灰碎石中海排灰的最佳氯离子含量在 1.8%左右时，早期强度最高。三灰碎石能固化更多的氯离子的原因是：三灰碎石中水泥加石灰的含量比水泥海排灰碎石中水泥含量大。

② 在抗冻性能方面：氯盐含量变化对水泥海排灰稳定碎石基层材料抗冻性能影响不大；但对底基层材料的抗冻性能影响较大。通过抗冻性试验，当氯盐含量超过 1.5%时，三灰碎石抗冻性能达不到《公路沥青路面设计规范》规定大于 65%要求，因此，要求用量做底基层的海排灰氯盐含量不要大于 1.5%。

③ 在干缩、温缩性能方面：随着粉煤灰中氯离子的增加，基层、底基层混合料试件干缩应变增长较快，干缩系数增加，因此海排灰基层、底基层施工时更要主要洒水养生。海排灰中氯盐含量对基层、底基层混合料温缩影响不大。

④ 在冲刷性能方面：从各阶段的冲刷数量可以看出，不同氯盐含量的基层和底基层材料在受到冲刷时，冲刷量不一样。氯盐含量越大，冲刷量越大。通过试验海排灰的水泥海排灰碎石试件冲刷比三灰碎石试件敏感，这是因为水泥海排灰稳定碎石混合料中结合料比较少，氯盐溶解后，水泥海排灰稳定碎石混合料集料更容易被冲刷。

(7)通过对路面结构的多层弹性层状体系力学分析，验证了在标准荷载作用下，基于海排灰碎石基层、底基层的路面结构满足力学要求。同时通过超载条件下的力学分析，揭示路面结构受力状态随不同超载程度的变化规律，为制定道路营运管理政策服务。

(8)通过海排灰材料作为路面底基层、基层材料的试验路段施工和检测，总结出一套适合辽宁(营口)沿海产业基地海排灰基层、底基层施工的关键技术和技术指标。通过试验路段压实度、弯沉、无侧限抗压强度检测，证明海排灰基层、底基层各项指标均能达到规范要求。经过对试验路段的长期观测，路面各项性能良好，说明海排灰用于道路基层及底基层建设是成功的。在此基础上推荐图 5－1 和 5－2 路面结构型式作为海排灰基层及底基层路面典型结构。

(9)由经济效益分析可知,到目前为止,辽宁营口沿海产业基地道路总规划面积1200万平方米,全部使用海排灰,直接经济效益将达到2亿元以上。本收研究成果不仅使鲅鱼圈电厂的海排灰可以应用于道路基层,其他地区几亿吨储量的海排灰也都能应用于道路基层建设,经济效益可观。海排灰一般储存在海边灰池里,污染着周围的海域,但通过本书研究,海排灰已可在道路基层中大量推广应用,使得海排灰变废为宝,既能节约资源,又能保护环境,真正做到可持续发展,本书研究成果意义重大。

2. 主要创新点

由于首次研究将海排灰用于道路基层及底基层建设,没有任何前期研究成果可以参考,本书在前人对粉煤灰在道路基层中的应用的研究的基础上,在以下几个方面有所创新:

(1)通过对水泥海排灰稳定碎石基层材料的集料级配范围、水泥、海排灰的最佳比例和石灰、海排灰的最佳比例、结合料与集料的比例研究,本书提出了水泥海排灰碎石的基层最佳配合比为水泥∶海排灰∶碎石=5∶10∶85;水泥石灰海排灰碎石底基层推荐的配合比为水泥∶石灰∶海排灰∶碎石为2∶10∶43∶45。

(2)通过对基层和底基层混合料的抗压强度、抗冻性能、干缩、温缩性能及冲刷性能等路用性能试验,首次研究了海排灰中不同氯盐含量对基层、底基层材料路用性能的影响。本书研究发现海排灰中的氯离子对水泥海排灰稳定碎石混合料、三灰混合料有早强剂的作用。当氯盐含量超过1.5%时,三灰碎石抗冻性能达不到《公路沥青路面设计规范》的要求。在干缩性能方面,海排灰中含盐量对基层、底基层混合料的干缩影响较大,施工时要多注意洒水养生。在温缩性能方面,海排灰中含盐量对基层、底基层混合料温缩影响不大。经过不同氯盐含量海排灰混合料的各项路用性能试验综合比较得出:为便于施工控制,要求用于道路底基层的海排灰,氯盐含量不得超过1.5%。

(3)通过扫描电子显微镜法(SEM)和X射线衍射分析(XRD),首次分析比较了海排灰与普通粉煤灰组成水泥海排灰、三灰结合料,不同龄期生成产物的变化和微观结构的变化,普通粉煤灰水化和火山灰反应要快一些,但海排灰中氯离子可以被固化,生成新的晶体,提高早期强度。还首次分析比较了不同氯盐含量海排灰的水泥海排灰稳定碎石混合料、三灰材料,在不同的龄期,生成产物的变化和微观结构的变化,发现数量的氯盐对水泥海排灰稳定碎石混合料、三灰材料早期强度有利,但氯盐含量过大,氯离子不能被完全固化,游离的氯离子抑制了结合料之间的水化和火山灰反应,对水泥海排灰稳定碎石混合料、三灰材料的强度形成不利。

(4)在理论分析和室内试验研究基础之上,本书修筑了第一条关于海排灰的基层及底基层的试验路段,通过试验路段施工和检测,提出一套适合辽宁(营口)沿海产业基地海排灰基层、底基层施工的关键技术和技术指标。经过试验路长期使用性能观测,路面平整,基层稳定,效果良好。在此基础上提出了关于海排灰的典型路面结构。

(5)在本书研究的基础之上,海排灰材料已经在辽宁(营口)沿海产业基地道路基层及底基层道路建设中首次大量推广使用。目前,海排灰基层、底基层已经建成道路1200多万平方米,鲅鱼圈电厂免费供应的海排灰用量已达100万吨,取得的直接经济效益达2

亿元。本书研究成果不仅解决了辽宁(营口)产业基地对粉煤灰的大量需求问题,还解决了鲅鱼圈电厂海排灰的存储和污染问题。海排灰在辽宁(营口)沿海产业基地的成功推广应用,必将对其他地区几亿吨储量的海排灰的使用起到示范作用。通过本书研究使得海排灰变废为宝,保护环境,真正做到可持续发展,其社会效益影响深远。

3. 进一步研究设想

(1)由于第一次把海排灰用于道路基层建设,对于这种基层、底基层材料的长期效果还要进一步跟踪研究,海排灰基层材料的耐久性需要做进一步研究。

(2)本书对海排灰基层、底基层材料只做了一些常规路用性能试验,还可以结合当地地质、气候、水文的实际情况,进一步进行其他多项路用性能研究,如海排灰基层材料的疲劳特性需要做进一步研究。

(3)研究海排灰基层对紧邻道路构筑物的影响。道路基层、底基层中没有钢筋锈蚀的问题,因此海排灰可用。而道路构筑物如桥台、涵管可能布设钢筋,海排灰会不会腐蚀构筑物,腐蚀程度有多大,还要进一步展开研究。

参考文献

[1] 沙爱民．半刚性路面材料结构与性能[M]．北京：人民交通出版社，1998：1－25.

[2] 张嘎吱．水泥粉煤灰稳定碎石基层材料的级配范围[J]．长安大学学报，2003，23(4)：1－4.

[3] Bakkar. W. T. Production of Properties of Fly Ash. Utilization of Ash Workgroup. University of North Dakota Grand forks[J]. North Dakota. May 1987：13－15.

[4] U. S. Department of Transportation. Fly Ash facts fore Highway Engineers [J]. Rep. No. FHWS－SA－94－081. Federal Highway Administration. Washington. D. C. 1995：1055－1059.

[5] Bergeson. K. L. Iowa Fly Ash Affiliates Research Program [J]. Annual Report. ISU－ERI Ames 99501. Iowa State University, Ames, December 1998：875－882.

[6] 徐江萍．水泥粉煤灰稳定碎石基层沥青路面抗裂性能研究[D]．西安：长安大学：2006.

[7] American Coal Ash Association International. Soil and Pavement Base Stabilization with Self－Cementing Coal Fly Ash[J]. Alexandria. Virginia. May 1999：732－735.

[8] 杨锡武，梁富权．水泥(石灰)粉煤灰碎石混合料半刚性路面基层设计参数研究[J]．中国公路学报，1996(3)：43－46.

[9] 杨锡武，梁富权．水泥(石灰)粉煤灰混合料的最佳配合比研究[J]．公路，1995(9)：38－40.

[10] 萧赓，等．水泥粉煤灰级配碎石基层混合料的路用性能研究[J]．重庆交通学院学报，2001(11)：61－64.

[11] 杨锡武，凌天清，梁富权．水泥(石灰)粉煤灰混合料路面基层研究[J]．重庆交通学院学报，1997(2)：48－51.

[12] 俞建荣，栗学铭，窦有年．粉煤灰水泥稳定粒料的路用性能研究[J]．中国公路学报，1998(8)：30－34.

[13] 萧赓,等．水泥粉煤灰级配碎石基层混合料微观机理研究[J]. 重庆交通学院学报,2002(2):49－52.

[14] 杨锡武,梁富权．水泥(石灰)粉煤灰混合料路面基层成延型迟时间研究[J]. 重庆交通学院学报,1995(4):36－39.

[15] 徐江萍,等．水泥—粉煤灰碎石早强特性的研究[J]. 中南公路工程,1999(2):4－6.

[16] 张嘎吱．水泥粉煤灰稳定碎石基层配合比设计和路用性能研究[D]. 西安:长安大学,2004.

[17] 胡红梅．矿物功能材料对混凝土氯离子渗透性影响的研究[D]. 武汉:武汉理工大学,2002.

[18] M. AbdEI. Aziz, S. Abd El. Aleem, M. Heikal, H. El. Didmaony. Hydration and durability of sulphate—resisting and slag cement blends in Caron's Lake water [J]. Cement and concrete Research,2005. 35(8):1592－1600.

[19] Y. Xu. The influence of sulphates on chloride binding and pore solution chemisrty[J]. Cement and Concrete Researeh 1997,27(12):1841－1850.

[20] U. A. Birnin—Yauri,F. P. Glasser. Frede's salt,$CaAl(OH)_6(Cl,OH).2H_2O$: its solid solutions and their role in chloride binding[J]. Cement and Concrete Research , 1998,28:1713－1723.

[21] Yonezawa, T. , Ashworth, V. , Procter, R. P. M. The Mechanism of Fixing Cl—by Cement HydratesResulting in the Transformation of NaCl to NaOH[J]. 8th International Conference on Alkali—Aggregate Reaction. 1989,153－160.

[22] Surgavanshi, A. K. , Swamy, R. N. Stability of Friedel's salt in Carbonated Concrete Structural Elements [J] . Cement and Concrete Researeh. 1996, 26 (5): 729－741.

[23] M. R. Jones, D. E. Macphee, J. A. Chudek. Studies using 27Al MAS NMR of AFm and Aft phases and the formation of Friedel's salt[J]. Cement and Concrete Research,2003,33:177－182.

[24] F. P. Glasser, A. Kindness. Stability and solubility relationships in AFm phases part I,chloride,sulfate and hydroxide[J]. Cement and Concrete Researeh,1999, 29:861－866.

[25] 管学茂．水泥基材料在氯盐环境中的服役行为及机理研究[R]. 北京:中国建筑材料科学研究院,2005.

[26] 关贺．低活性粉煤灰基层沥青路面结构与路面使用性能研究[D]. 沈阳:沈阳建筑大学,2007.

[27] 蒋晓曙,许仲梓.Ⅲ级粉煤灰用于道路混凝土[J]. 南京化工大学学报,1998(增刊):21-23.

[28] L. D. Nicolescu,Criterion of Estimation the Efficiency of Fly—Ash in Cement and Concrtet[J]. Ash Utilization Proceedings. ShtAsh Utilization Symposium, 1982 (28):93-98.

[29] R. C. Joshi and V. M. Malhotra. Relationship Between Pozzolanic Activity and Chemical and Physical of Selected Canadian Fly Ashes [J]. Materials Research Society Symposia Proceedings,1997(86):91-97.

[30] V. K. Gupta, Saurabh Sharma, I. S. Yadav and Dinesh Mohan. Utilization of Bagasse Fly Ash Generated in the Sugar Industry for the Removal and Recovery of Phenol and p—Nitrophenol from Waste Water [J]. J. Chem. T echnol. Biotechnol. 1998, (71):180-186.

[31] Lav,A. Hilmi. Microstructure Development of Stabilized Fly Ash as Pavement Base Material [J]. Journal of Materials in Civil Engineering,2000(2):157-163.

[32] 沙爱民,胡力群.半刚性基层材料抗冲刷性能试验方法研究[J]. 中国公路学报,2002(4):4-7.

[33] 盛萍.路用粉煤灰品质合理评价指标的研究[D]. 西安:长安大学硕士论文,2005.

[34] 胡力群.水泥石灰粉煤灰稳定碎石材料级配优化研究[D]. 西安:长安大学,2004.

[35] 王莎.水泥石灰粉煤灰稳定碎石材料级配优化研究[D]. 西安:长安大学,2005.

[36] JTG E40—2007 公路工程土工试验规程[S]. 北京:人民交通出版社,2007.

[37] JTJ057—1994 公路工程无机结合科稳定材料试验规程[S]. 北京:人民交通出版社,1994.

[38] JTG D50—2006 公路沥青路面设计规范[S]. 北京:人民交通出版社,2006.

[39] JTJ034—2000 公路路面基层施工技术规范[S]. 北京:人民交通出版社,2000.

[40] K. Mohan and H. F. W. Taylor(1981). Pastes of tricalcium silicate with fly ash—analytical electron microscopy,trimethylsilylation and other studies[J]. In:Effects of Flyash Incorporation in Cement and Concrete (S. Diamond Ed.). Proceedings, Symposium N Annual Meeting,November 16—18,1981,54-59.

[41] I. Jawed and J. Skalny(1981). Hydration of tricalcium silicate in the presence of fly ash[J]. In:Effects of Flyash Incorporation in Cement and Concrete(S. Diamond Ed.). Proceedings,Symposium N Annual meetings,November 16—18,1981:60-70.

[42] A. L. A. Fraay, J. M. Bijen and Y. M. de Haan(1989). The reaction of fly ash in concrete [J]. A critical examination. Cement and Concrete Research. Vol. 19: 235-246.

[43] Cross, S. A., and Fager, Cz. A. Fly ash in cold ridged bituminous pavement [J], Transportation Research Record, Transportation Record Board, Washington, D. C. 1995(1486):49-56.

[44] Gray, D. H., Tons, E., and Thiruvengadam, T. R. Performance evaluation of a cement-stabilizedfly ash base [J], Transportation Research Record, Transportation Research Board, Washington, D. C. 1994(1440):8-15.

[45] Mari Paz Lorenzo, Sara Gori. ect. Activation of Pozzolanic Reaction of Hydrated Portland Cement Fly Ash Pastes in Sulfate Solution [J], Journal of the American Ceramic Society. 2002, 85(12):66-70.

[46] H. A. W. Cornelissen, R E. Hellewaard and J. L. T. Vissers, Processed fly ash forhigh performance concrete, In: Fly Ash [J], Silica Fume, Slag & Natural Pozzolans in Concrete, Proceedings Fifth International Conference, Milwaukee, Wisconsin, USA, April 21—25, 1995:67-79.

[47] Joanne Hill and John H. Sharp. Encapsulation of Sn(ll) and Sn(IV) Chlorides in Composite Cements[J]. J. Am. Ccram. Soc. 2005, 88(3):560-565.

[48] J. G. Cabrera and S. O. Nwaubani(1998). The microstructure and chloride ion diffusion characteristics of cements containing metakaolin and fly ash[J]. In: Fly ash, silica fume, Slag & Natural Pozzolans in concrete, Proceedings sixth CANMET/ACI International conference, May31—June 5, 1998, Bangkok Thailand: 385-400.

[49] 高向东，王新友．低水胶比粉煤灰混凝土的钢筋锈蚀性能与抗冻性的研究[J]. 混凝土，2000(1):48-51.

[50] 王绍东，王智．水泥组分对混凝土固化氯离子能力影响．硅酸盐学报[J]. 2009(6):570-573.

[51] PW. Brown, Steven Bdager. The distributions of bound sulfates and chlorides in concrete subjected to mixed NaCl, $MgSO_4$, Na_2SO_4 attack[J]. Cement and Concrete Research, 2000, 30:1535-1742.

[52] 苏志强．半刚性基层沥青路面结构设计方法研究[J]. 中南公路工程，1997(2):15-19.

[53] 萧赓，梁乃兴等．水泥粉煤灰级配碎石基层试验路研究[J]. 公路，2002, 7: 101-103.

[54] 张敏江，孙菲．影响低活性粉煤灰基层强度因素的分析[J]. 沈阳建筑大学学

报:自然科学版,2006,22(4):553-556.

[55] 杨群,黄晓明.基层模量对路面性能的影响分析[J].东南大学学报(自然科学版),2001(4):81-83.

[56] 李国强,蒋志仁.沥青路面使用性能指标研究[J].重庆交通学院学报,1995(1):47-54.

[57] 梁新权.水泥海排灰碎石基层沥青路面的应用研究[D].长沙:湖南大学,2004.

[58] 许洁.水泥海排灰碎石混合料组成设计与路用性能研究[D].大连:大连理工大学,2003.

[59] 藤旭秋.水泥海排灰碎石混合料配合比设计及路用性能研究[D].西安:长安大学,2003.

[60] 朱照宏,王秉纲,郭大智.路面力学计算[M].北京:人民交通出版社,1985.

[61] Burmister,D. M. ,The Theory of Stresses and Displacements in Layered Soil Systems,Journal of Applied Physics,1945,16:230-239.

[62] J. Verstraeten. Stresses and Displacements in Elastic Layered Systems: General Theroy — Numercial Stress Calculation in Four — Layered Systems with Continuous Interfaces. The University of Michigan. Ann Arbor. Michigan. August — 11. 1967:223-238.

[63] Oscar Hugo Giovanon and Marta Beatriz Pagoia Mechanistic performance model to design flexible pavements. 30(2006):1435-1442.

[64] Semmelink, C J and Beer, M. "Rapid determination of elastic and shear properties of road building materials with the K — Mould", Unbound aggregates in roads, ed. Dawson and Jones, Univ. of Nottingham,,1995(2):151-161.

[65] 邓学钧,黄晓明.路面设计原理与方法[M].北京:人民交通出版社,2001.

[66] 郝大力.轮面性能的评价与分析研究[D].西安:西安公路交通大学,2000,9.

[67] 田波,姚祖康.承受特重车辆作用的水泥混凝土路面应力分析[J].中国公路学报,2000,13(2):16-18.

[68] 黄文元.沥青路面超重车轴载换算初步研究[J].公路交通科技,2000,14(1):5-9.

[69] 黄勇.按疲劳等效原理确定重车轴载换算公式[J].公路,1993(12):47-50.

[70] 魏连雨.车辆超载运输对沥青路面的破坏作用.1996年中国公路学会道路工程学会论文集[C].北京:人民交通出版社,1996.

[71] 张肖宁,潘大林,朱希岭.沥青混合料一维非线性粘弹性本构关系[J].力学学报,1996(6):728-734.

[72] CJJ4—97,粉煤灰石灰类道路基层施工及验收规程[S]. 北京:人民交通出版社,1997.

[73] Rgeson. K. L. Iowa Fly Ash Affiliates Research Program. Annual Report. ISU—ERI Ames 99501. Iowa State University,Ames,December 1998:1151 - 1160.

[74] R. C. Joshi and V. M. Malhotra. Relationship Between Pozzolanic Activity and Chemical and Physical of Selected Canadian Fly Ashes [J]. Materials Research Society Symposia Proceedings,1997(86):91 - 97.

[75] 张超. 石灰粉煤灰类材料施工特性研究[D]. 西安:长安大学,2003.

[76] 陈忠达,武建民等. 干线公路沥青路面典型结构的研究[J]. 公路交通科技,2001,4:9 - 12.

[77] 王新波. 重载交通沥青路面结构分析与性能评价[D]. 沈阳:沈阳建筑大学,2007.

[78] Bao L,Dong H,Yu L,et al. Experimental study on the mixture ratio design of construction of subbase with cement and fly—ash—flushed—by—seawater stabilized crushed—stone[J]. Journal of Shenyang Jianzhu University,2008,24(6):945 - 948.

[79] Bao L,Ao R,Yu L. Research on the application of cement fly—ash—flushed—by—seawater stabilized aggregate for roadway basic layer[J]. Journal of Shenyang Jianzhu University,2008,24(4):567 - 571.

[80] 包龙生,董海天,于玲,等. 水泥海排灰碎石基层结构施工关键技术指标及应用[J]. 沈阳建筑大学学报(自然科学版),2008,24(5):753 - 756.

[81] JTG E51—2009 公路工程无机结合料稳定材料试验规程[S]. 北京:人民交通出版社,2009.

[82] JTG D50—2017 公路沥青路面设计规范[S]. 北京:人民交通出版社,2017.

[83] JTGT F20—2015 公路路面基层施工技术技术细则[M]. 北京:人民交通出版社,2015.

图书在版编目(CIP)数据

海排灰在道路基层及底基层中的应用研究/于玲，包龙生著．—合肥：合肥工业大学出版社，2018.12

ISBN 978-7-5650-4064-1

Ⅰ.①海…　Ⅱ.①于…②包…　Ⅲ.①发电厂—粉煤灰—应用—路面基层　Ⅳ.①X773 ②416.214

中国版本图书馆 CIP 数据核字(2018)第 146103 号

海排灰在道路基层及底基层中的应用研究

于　玲　包龙生　著　　　　责任编辑　马成勋

出	**版**	合肥工业大学出版社	**版**	**次**	2018 年 12 月第 1 版
地	**址**	合肥市屯溪路 193 号	**印**	**次**	2018 年 12 月第 1 次印刷
邮	**编**	230009	**开**	**本**	787 毫米×1092 毫米　1/16
电	**话**	理工编辑部：0551-62903200	**印**	**张**	8.25
		市场营销部：0551-62903198	**字**	**数**	210 千字
网	**址**	www.hfutpress.com.cn	**印**	**刷**	安徽昶颉包装印务有限责任公司
E-mail		hfutpress@163.com	**发**	**行**	全国新华书店

ISBN 978-7-5650-4064-1　　　　定价：25.00 元